海盐葡萄

HAIYAN GRAPES

海盐县农业农村局 ▎组　编
陈　哲　张永华 ▎主　编
徐　超　李小婷　王晓鑫　顾佳悦　赵思雨 ▎副主编

海盐葡萄
国家地理标志农产品

中国农业出版社
北京

图书在版编目（CIP）数据

海盐葡萄：国家地理标志农产品 / 海盐县农业农村
局组编；陈哲，张永华主编. -- 北京：中国农业出版
社，2024.12. -- ISBN 978-7-109-32669-9

Ⅰ. S663.1

中国国家版本馆CIP数据核字第20247ZE613号

海盐葡萄　国家地理标志农产品

HAIYAN PUTAO GUOJIA DILI BIAOZHI NONGCHANPIN

中国农业出版社出版

地址：北京市朝阳区麦子店街18号楼

邮编：100125

责任编辑：任安琦　郭晨茜

版式设计：王　晨　　李向向　　封面供图：白　地

责任校对：吴丽婷　　责任印制：王　宏

印刷：北京中科印刷有限公司

版次：2024年12月第1版

印次：2024年12月北京第1次印刷

发行：新华书店北京发行所

开本：787mm×1092mm　1/16

印张：15

字数：355千字

定价：98.00元

编委会

在这个充满机遇与挑战的时代，葡萄产业以其独特的魅力和广阔的发展前景，成为农业领域中一颗璀璨的明珠。当我们翻开这本关于海盐葡萄产业发展的书时，就能感受到作为国家地理标志农产品的海盐葡萄是如何成为使农民致富的甜蜜产业的。

在海盐葡萄的发展过程中，我们看到了无数的创新与探索。科技的进步不断推动着种植技术的革新，高标准大棚、智能温控、水肥一体化、智能病虫害防控系统、冷链仓储、果品分拣等设施设备的应用，使得人工成本不断下降，生产效率持续提高。同时，产业融合的趋势也为海盐葡萄带来了新的机遇，与旅游、文化等领域的结合，让海盐葡萄找到了未来的发展方向。

相信未来将有更多的人通过此书了解海盐葡萄、关注海盐葡萄的发展、投身到海盐葡萄的产业中，共同为海盐葡萄的美好未来贡献自己的力量。同时，也希望此书能成为葡萄产业发展的重要参考书，为推动全国葡萄产业的繁荣与进步发挥积极的作用。

2024. 11. 6.

目 录
CONTENTS

序

第一章
海盐概况

吴帆千里去，邑屋富鱼盐。浙江省嘉兴市海盐县，位于杭嘉湖平原，濒临杭州湾，以"鱼米之乡、丝绸之府、文化之邦、旅游之地"著称，是历史上马家浜文化、崧泽文化和良渚文化的发祥地之一，早在秦王政二十五年（公元前222年）就已设郡置县，因"海滨广斥，盐田相望"而得名。

海盐县是嘉兴市从"运河时代"走向"海洋时代""湾区时代"的重要承载区。随着长三角一体化发展国家战略、共建虹桥国际开放枢纽、浙江省大湾区建设的深入推进，特别是重大交通设施建设提速增效，海盐地处四大都市圈（沪、杭、苏、甬）地理中心，交通区位优势、山海湖一体的生态空间优势、历史积淀深厚的人文优势都将持续放大，海盐发展为浙江发展持续加温。

一、千年古城

海盐的文明之脉可以追溯到六七千年前。据考证，以嘉兴的马家浜遗址命名的马家浜文化是环太湖流域新石器时代的三大文化之首。海盐经历了从马家浜文化（距今7 000～6 000年）、崧泽文化（距今6 000～5 300年）到良渚文化（距今5 300～4 300年）整个史前文化发展阶段，之后又发展为吴越文化。

建县以来，海盐曾四徙县治，六析其境。四徙县治：秦末，县治陷为湖（柘湖），迁至武原乡（今平湖市东门外）。东汉永建一至六年（126—131年）中，县治又陷为湖（当湖），南迁至齐景乡故邑山旁（今乍浦附近）。东晋咸康七年（341年），县治迁至马嗥城（今海盐县武原街道东南）。唐开元五年（717），迁县治于今地。六析其境：或被析置成新县，或划归另县，版图也缩减为原来的五分之一，今上海市和海宁市部分、平湖市全境以及海盐县变迁而没入海中的部分大陆架都是从古海盐分割出来的。东汉建安五至八年（200—203年），析海盐西南境、由拳南境置海昌县（今海宁市）。南朝梁天监六年（507年），析县东北境置前京县。南朝梁中大通六年（534年）至大同元年（535年），再析县东北境置胥浦县。唐天宝十载（751年），割海盐北境、嘉兴东境、昆山南境置华亭县。明宣德五年（1430年），析武原、齐景、华亭、大易4个乡置平湖县。1958年海盐县建制被撤销，区域并入海宁县，1961年复置海盐县（时海盐县辖2个镇16个公社）。1983年，撤社建乡。1985年8

月，澉浦、通元、西塘桥3个乡撤乡建镇。随着经济发展，又有欤城、百步、长川坝、石泉4个乡撤乡建镇，欤城、长川坝分别更名为于城、秦山。1999年，调整乡镇行政区划，辖9个镇3个乡。2001年10月，乡镇行政区划再次调整，辖武原、沈荡、澉浦、秦山、通元、西塘桥、于城、百步8个镇。2018年，调整部分镇行政区划，全县8个镇调整为4个街道5个镇，即武原、西塘桥、望海、秦山4个街道，沈荡、百步、于城、澉浦、通元5个镇。

二、区位优势

海盐县是一座拥有区位优势的千年古城，是连接四大城市的重要交通节点。县城距嘉兴高铁南站仅25分钟车程，武原街道北距上海市118千米，南离杭州市98千米。境内主要公路包括01省道嘉兴东西大道、湖盐公路、盐嘉公路、嘉南公路、海盐大道、海王公路、

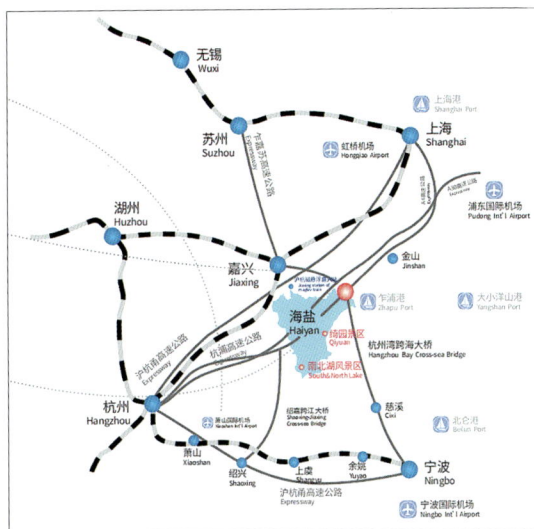

海盐县区位图

乍嘉苏高速公路、杭浦高速公路、嘉绍高速公路、杭州湾跨海大桥北岸连接线等，等级公路总里程1 004.23千米，高速公路里程40.40千米。

海盐县境内河道纵横，总长1 860.70千米，骨干河流有盐平塘、盐嘉塘、长山河、何家桥线、杭平申线海盐段、白洋河等。境内等级航道总长度为239.20千米。公路、水路网络交织，四通八达，交通十分便利。杭州湾跨海大桥北岸桥址位于海盐经济开发区（西塘桥街道）东港村。海盐枢纽连接杭浦、乍嘉苏、杭州湾跨海

大桥北岸连接线3条高速公路，是亚洲最大的交通枢纽。杭州湾第二座跨海大桥——嘉绍高速公路跨海大桥连接沪杭高速公路、乍嘉苏高速公路、杭浦高速公路，大大缩短了杭州湾南北两岸的时空距离。

近年来，海盐正全力打造高铁新城，规划建设通苏嘉甬铁路、沪平盐轻轨（上海22号线延伸段），建成后将形成半小时的高铁都市圈。随着海盐港区、滨海新区建设的不断推进，海盐县成为沪、杭、苏、甬四大城市的交通节点和杭州湾北岸新兴港口物流平台。

三、滨海新区

海盐县是一座敢于拥抱新时代的千年古城，是滨海新区的重要组成部分。建设滨海新区，是浙江省嘉兴市委、市政府审时度势，准确把握新经济社会发展现状，为实现经济跨越和城市持续发展而作出的一项重大战略决策。海盐县是滨海新区的重要组成部分，码头岸线水深12米，是浙北岸线最长的县（市），可建各类千吨级、万吨级泊位55个。

滨海新区

辖区内的海盐县经济开发区（西塘桥街道），2021年实现地区生产总值101.05亿元，首次突破百亿大关，经济总量占全县经济总量的41.7%。区（街道）综合实力持续5年位列省级开发区"第一方阵"，带动海盐经济社会发展实现蝶变跃升。

▎四、江南水乡

海盐县是一座水韵十足的千年古城，是江南水乡的重要组成部分。全县陆地面积584.96平方千米，海湾面积487.67平方千米。境内陆地海岸线自澉浦镇（南北湖风景区）永乐村起至海盐经济开发区（西塘桥街道）东港村止，全长53.48千米，是浙北海岸线最长的县（市）。境内河道纵横，水网密布，建筑错落有致，白墙黑瓦，幽雅别致，拥有鱼鳞塘、绮园、金粟寺、天宁寺等众多文化遗存。

绮园（中国十大私家园林）

近年来，海盐县充分发挥临海优势和"桥港河""山海湖"的特点，大力实施"生态立县"战略，加快建设江南水乡生态城市，打造现代化滨海宜居的"美丽海盐"。

河网密布

白洋河湿地公园

五、核电之源

海盐县是一座拥有国内首座核电站的千年古城，是中国核电工业的发源地。海盐秦山核电站是我国第一座自行研究、设计、建设的核电站，被誉为"国之光荣"。1985年3月浇灌了第一罐混凝土，1991年12月首次并网发电。这是中国和平利用核能的重大突破，结束了中国大陆无核电的历史，我国由此也成为世界上第七个能够自行设计、建造核电站的国家。发展到现在，核电关联及核技术应用产业已经成为海盐县的特色产业之一。

秦山核电站

六、未来之城

海盐县是一座拥有无限发展潜力的千年古城，是社会主义现代化先行区的重要组成部分。海盐县的区位优势、改革优势、产业优势和生态优势，为海盐县更好、更快、更深、更实发展提供了无限可能，也让海盐县成为杭州湾北岸璀璨明珠上的一抹亮色。未来，海盐县将面临四个千载难逢的历史机遇，分别是长江三角洲区域（以下简称"长三角"）一体化发展将持续深化、高铁时代来临、湾北新区大开发将实质性启动和城乡融合发展将深入推进。"十四五"时期，海盐将集中精力建设"一带三城"，即两桥（杭州湾跨海大桥、嘉绍大桥）之间黄金海岸经济带、长三角创新活力之城、杭州湾滨海魅力之城、新时代富裕智慧之城。同时，海盐县将努力实现"十大梦想"，即高铁梦、大学梦、5A级景区梦、千年古城复兴梦、国家级开发区梦、千亿级产业集群梦、小县大城梦、优质医疗梦、核电共享梦、乡村振兴梦。以"一带三城"为支撑、"十大梦想"为引领，海盐县的明天必将更加美好。

海盐县是一座独具特色的千年古城，"海盐名片"也成为"浙江名片"的重要组成部分。源远流长的发展历史，造就了

天堑变通途——杭州湾跨海大桥，大桥北堍的海盐县，在开放中迎来高质量发展

这座城市的人杰地灵和文化底蕴。能人志士辈出：海盐县涌现了我国商务印书馆创始人张元济、民族实业家张幼仪、中国儿童连环漫画的开创者张乐平、先锋派作家余华等大批能人志士。文化古迹丰富：海盐县有许多历史古建筑，境内保留有全国重点文物保护单位绮园（清代）和鱼鳞塘（明代），省级文物保护单位千佛阁（明代）和镇海塔基（元代），县级文物保护单位高坟遗址（良渚文化）、尚胥庙古戏台（清代），良渚时期的魏家村、大树村古遗址，商周时期的大庙桥古遗址，唐咸亨四年所建青莲寺，宋端平三年所建洪灵庙（2005年重建），清乾隆二十五年所设广盛酱园等。人民民风淳朴：繁育了丰富多彩的民俗文化艺术，海盐腔位列南戏四大声腔之首，海盐滚灯、海盐骚子、塘工号子等民俗文化已成为海盐县文化特色名片。

海盐滚灯

人杰地灵（左起：商务印书馆创始人张元济、民族实业家张幼仪、中国儿童连环漫画开创者张乐平、先锋派作家余华）

沈荡酱园

山美水清的自然资源优势，成为海盐县城市文旅的"金名片"。位于海盐县澉浦镇的南北湖，是我国唯一融山、海、湖为一体的风景区，是浙江省第一批省级风景名胜区、浙江最佳休闲度假胜地、国家4A级景区。2021年，景区实现游客接待

204万人次，经营收入同比增长21%。近年来，海盐县正全力打造南北湖未来城，主要由南北湖核心景区、黄沙坞围垦区、澉浦城镇区、田园风光区四大板块组成，重点打造集高科技产业、总部经济、康养、教育、文旅为一体的未来科技新城。

敢闯敢拼的海盐精神，成就了硕果累累的创城佳绩。近年来，海盐县先后被评为"全国文明城市""国家生态文明建设示范县""全国文化先进县""全国体育先进县""国家级园林城市""国家级绿色生态示范城区""全国县域经济基本竞争力百强县""中国工业百强县""全国服务业百强县"和"全国县域义务教育优质均衡发展县"等。

经过多年积累和孕育，海盐县厚积薄发，正释放出源源不断的发展活力，展现蝶变跃升的勃勃生机。"十四五"时期，海盐县将忠实践行"八八战略"，牢记"三个示范"嘱托，抢抓机遇，乘势而上，逐梦全面建设社会主义现代化国家新征程，全面谱写新时代共同富裕示范样板新篇章。

南北湖未来城

第二章
海盐农业

　　近年来，海盐县始终牢记习近平总书记"三个示范"（即"在提高县城经济实力上当好示范、在建设社会主义新农村上当好示范、在党的先进性建设上当好示范"）殷切嘱托，坚持和深化新时代"千村示范、万村整治"工程（以下简称"千万工程"），深入实施乡村振兴战略，推动农业农村现代化示范先行。先后获得了全国粮食生产先进县、全国"平安农机"示范县、国家农产品质量安全县、全国县域数字农业农村发展水平先进县、浙江省美丽乡村创建先进县、浙江省新时代美丽乡村示范县等多项荣誉称号。2023年，全县农业总产值34.44亿元，农业增加值

21.64亿元，和美乡村覆盖率达50％，农村居民人均可支配收入达到50 647元，列全国第四。

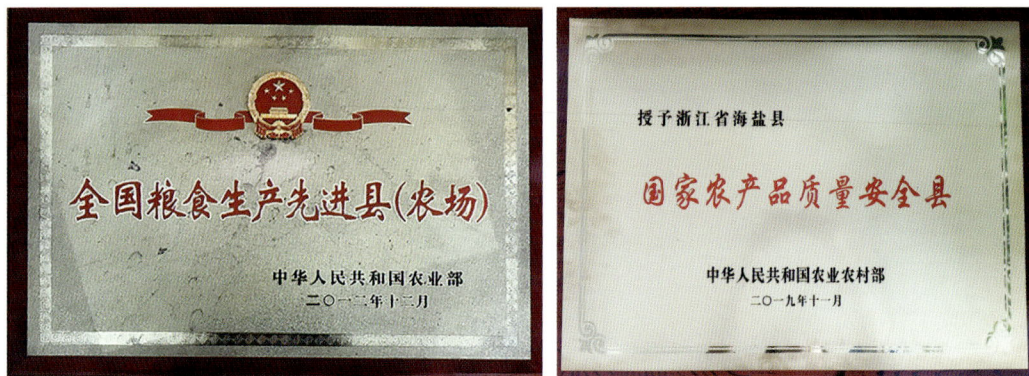

国字号荣誉

一、恒心守护粮食安全

海盐县坚守全国非粮食主产区的产粮大县地位，全力打造现代版的浙北粮仓、鱼米之乡。

抓实"米袋子"。在嘉兴市率先完成粮食生产功能区"非粮化"整治优化，新划定粮食生产功能区17.12万亩*，累计建成高标准农田28.57万亩，2023年全县粮食播种面积35.48万亩、总产量1.445亿千克，实现"二十连丰"，县级粮食储备规模3.5万吨，口粮（稻麦）自给率超过100％，位居浙江省首位，获浙江省首届及第三届"河姆渡杯"粮食生产先进县银奖、浙江省产粮大县、浙江省粮食五优联动示范县等荣誉。

丰富"菜篮子"。强化生猪稳产保供，建成投用嘉兴市首家年出栏能力10万头以上的省级生猪标杆场，2023年海盐全县4家规模生猪场出栏量达8.88万头，能繁母猪保有量保持在6 500头（正常保有量指标）以上，家禽年出栏1 578.63万羽。蔬菜常年播种面积稳定在12万

---

*亩为非法定计量单位，1亩=1/15公顷。下同。——编者注

亩以上，建成菜篮子保障型蔬菜基地0.3万亩。淡水水产养殖面积2.4万亩，发展工厂化养鱼2.72万平方米，水产品总产量达2.37万吨。成功入选浙江省种植业重点县、畜牧业重点县。

粮食生产

青莲食品数字化驾驶舱

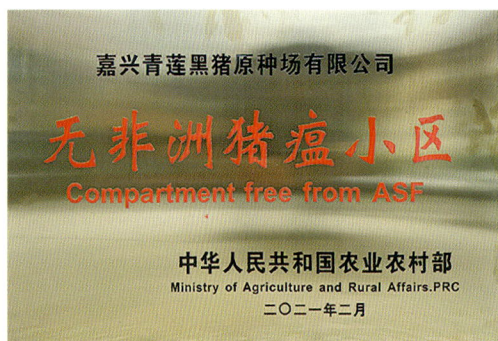

生猪标杆企业

二、专心做优农村产业

大力培育富民产业，增强农业科技、平台等支撑，加快乡村产业高质量发展。

做大特色富民产业。依托粮食产业基础，坚定发展稳粮富民稻虾产业，在浙江省率先组建稻虾产业协会、建立小龙虾交易市场、举办稻虾文化活动，累计推广5.15万亩，列浙江省第二，亩均增收约2 500元，成功创建浙江省首批稻渔综合种养重点示范县。精心打造精品水果甜蜜产业，海盐县水果栽培面积3.14万亩，其中葡萄2万亩。"海盐葡萄"获国家农产品地理标志认证，入选国家地理标志农产品保护工程

实施名单，成为国家葡萄产业体系建设示范县。打造北部特色产业示范带，万亩国家级稻虾种养示范区、万亩葡萄甜蜜产业示范带初见成效。

做强农业平台主体。成功创建海盐县省级现代农业园区、澉浦镇省级果蔬特色农业强镇。设立海盐县农业经济开发区，累计引进千万元以上项目15个，涉农投资达到25.27亿元。推进主体培优育强，成立嘉兴市首个农创客发展联盟，连续两年举办乡村振兴创业创新选拔赛，吸引846名大学生、"农二代"投身海盐县农业创业，累计培育省级以上龙头企业4家、示范性合作社4家、家庭农场40家。

做深农业"双强"行动。强化种业保护，拥有国家级嘉兴黑猪保种场。加快数字化转型，青莲10万头标杆场入选浙江省首批"未来农场"，青莲食品智慧畜牧建设案例入选全国2023年智慧农业建设优秀案例。

成功创建省级稻麦、生猪"机器换人"高质量发展先行县，主要农作物耕种收综合机械化率达到92%，入选全国第一批农业生产全程机械化示范县创建名单。

海盐大米　　　　　海盐稻虾　　　　　海盐葡萄

海盐县农开区云飞农场

三、匠心打造和美乡村

以"醉美乡村·花园海盐"为定位，推动美丽乡村建设点上出彩、面上美丽，和美乡村、未来乡村加速迭代。

聚焦全域秀美。先后开展"美丽星"创建、"三大攻坚十项硬招"（"三大攻坚"即开展农村垃圾分类攻坚行动、农村生活污水治理攻坚行动、农村厕所管理攻坚行动。"十项硬招"即开展"秀美晾晒"月度比拼活动、常态化巡查行动、媒体曝光和宣传活动、开展一月一镇专题报道活动、开展每月村庄清洁日活动、开展一批示范创建提升行动、镇村干部进村入户大宣讲活动、开展"四洁四美·巾帼家园"活动、开展"青春志愿·我爱我家"活动、开展"小手拉大手·文明在我家"活动）、"拔杆理线"专项整治等环境提升行动，实现省级新时代美丽乡村达标村全覆盖。累计新（改）建农村

公厕192座，农村生活污水治理设施运维管理、农村生活垃圾智能可追溯收集均实现全覆盖，获评浙江省深化"千万工程"建设新时代美丽乡村（农村人居环境提升）工作优胜县。

聚焦片区精美。着力打造丰义寻趣、雪水春早、丰山丝竹等一批有地域特色的美丽村落，同时连点串线打造"金凤古禅·硒望线""田野牧歌·农耕线"等美丽乡村精品线6条，"闲宿雅居·和翠通元"和美乡村示范片区以第二名荣获2023年度嘉兴市和美乡村示范片区建设评比优胜奖。高标准规划建设"湖山之恋·乡聚海盐"南部未来乡村样板带，加速形成见山面海的平原山水特色"美村链"，建成全市首条沿矿坑悬崖公路——环大丰山矿坑公路。

聚焦优享舒美。把农村公共服务优质供给作为缩小城乡差距的重要抓手，在"一老一小"、城乡教育、医疗等资源配

置上发力，实现农村生活优享舒美，获评全国义务教育优质均衡发展县。围绕"一统三化九场景"（"一统"即以党建为统领，"三化"是人本化、生态化、数字化，"九场景"是重点打造未来产业、风貌、文化、邻里、健康、低碳、交通、智慧、治理等场景），打造海盐"三宜"（即"宜居、宜业、宜游"）农村未来社区，累计创成绿色低碳雪水（雪水港村）、国遗物阜丰山（丰山村）、盐学问农北团（北团村）等省级未来乡村8个，雪水港样板村获央视报道。

雪水港村

四、尽心促进农民增收

把农民增收作为乡村振兴战略的中心任务，优化政策供给，拓宽增收渠道，让农民成为乡村振兴的受益者、推动者。

深化强村带富。以壮大村级集体经济为核心，推动强村、富民同频共振。深耕"飞地抱团"（指通过综合统筹，让各村集体资金、土地指标共同"飞"到更具发展潜力的区域），海盐县县镇两级累计实施抱团项目23个，年总分红达8 800万元；累计组建强村公司（指各村根据自身资源、实力等，由村集体经济组织独资或多村联合投资等形式打造的市场化运营特色品牌）12家，在促进村集体增收的同时，为村民提供家门口就业岗位。2023年，海盐县所有村年经常性收入达180万元以上、经营性收入达85万元

以上，分红村数达到56个。

深化党建领富。积极发挥党员模范帮富作用，加强明星村（社区）书记培育，实施"领雁"研发攻关计划，陆祥英等13名省（市、县）兴村（治社）名师带头认领15个共富产业项目。深化党群创业共富工程，开展"技术赋能""资金助创"等八大行动，相关做法被写入省级文件并推广。

深化改革促富。积极承担全国农村改革试验区拓展试点，为农村产权与金融制度改革、现代农业经营模式改革等先行探路，累计承担试点任务9项，已完成7项。健全农村土地经营权流转机制，全县累计流转土地达22.35万亩，获评全国农村承包地确权登记颁证工作典型地区，入选第二轮农村土地承包到期后再延长30年全国先行试点。

共富工坊

浙江省"人民满意的公务员集体"称号

第三章

海盐葡萄

海盐葡萄种植历史悠久，从宋朝最早有记载开始距今已有近800年历史。在奋力实现共同富裕的新时期，海盐县将葡萄产业作为实现"三农"共富的重要跑道，大力发展规模化生产、产业化经营，基本形成产前种苗培育、基地建设，产中技术推广、联盟带动，产后品牌营销、文化唱戏的"甜蜜"产业链。2017年被列为国家葡萄产业体系建设示范县，2017—2019年连续三年实施浙江省农产品全产业链风险管控（"一品一策"）专项，2020年获得国家农产品地理标志登记证书，2021年成功创建省级精品绿色农产品基地，2022年海盐葡萄进一步入选国家地理标志保护工程实施名单，2023年荣登浙江省首批名优"土特产"百品榜、入选嘉兴市十大伴手礼，海盐葡萄种植系统入选浙江省重要农业文化遗产资源库名录。目前，海盐县葡萄种植面积达2.1万亩，占到全县水果种植面积的65.6%，2023年海盐葡萄产值近4.45亿元，拉动第二、三产业产值约18亿元，直接带动从业人员1.2万人，户均增收达9万元。葡萄种植已成为海盐县实现"三农"共同富裕的"排头兵"，产业兴旺、乡村振兴的"金名片"。

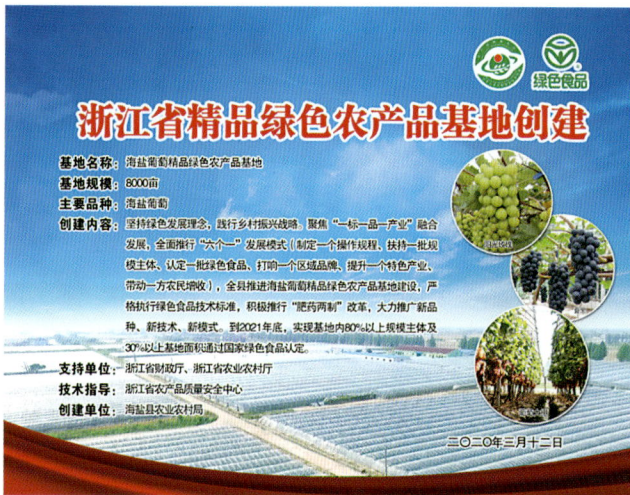

海盐葡萄成功创建省级精品绿色农产品基地

嘉兴市十大伴手礼

"一品一策"基地

一、农产品地理标志

海盐葡萄于2020年由农业农村部核准登记为农产品地理标志。

海盐葡萄

区域：武原街道、秦山街道、望海街道、西塘桥街道、沈荡镇、百步镇、于城镇、澉浦镇。

坐标：

东经：120°43′21″—121°03′01″

北纬：30°49′38″—31°01′48″

农产品地理标志

二、产业起步

《海盐县志》记载："葡萄，历来庭院零星栽植。20世纪80年代初引进巨峰、白香蕉等新品种，产量高，品质好。成片种植的已有长川坝乡秦山林业队、周家舍，各5亩。"

海盐县共分为5个镇4个街道，20世纪90年代后期，海盐葡萄发展主要集中在武原街道和于城镇，以武原街道的富亭村、大刘村、君原村及于城的八字村起步较早。

从2015年开始，由于武原街道大刘村富亭村的搬迁以及双桥村、南洋村、君原村和盐东村被划到望海街道（原元通街道），于城镇成为海盐葡萄生产第一大镇，于城镇葡萄种植面积为6 589亩，占海盐县葡萄种植面积的31.5％，于城镇八字村也成为了海盐县葡萄种植面积最大的村。

20世纪90年代初海盐葡萄种植户在交流学习葡萄种植技术

三、规模发展

自1985年始，近40年海盐葡萄经历了从无到有、从少到多、从庭院绿植到大田经济的较快发展。1985年巨峰的种植面积只有13亩，至2022年发展到21 200亩，产量约3.17万吨。葡萄亩产值2.14万元，葡萄总产值约4.32亿元。海盐葡萄已成为海盐种植业中亩产值最高、亩效益最好的特色产业。

根据海盐县年鉴统计资料，整理出自1985年以来海盐葡萄种植面积与产量，如下表所示。

海盐葡萄的发展经历了四个发展时期：

1.缓慢发展期

1993年种植面积为951亩，自1985年起8年间年均增加约117亩。

2.较快发展期

从1994年开始发展速度加快，到2008年种植面积达10 155亩，14年间年均增加约614亩。

3.快速发展期

从2009年开始发展速度更快，到2013年种植面积达19 945亩，4年间年均增加约2 447亩。

4.减缓发展期

从2014年开始发展减缓，至今维持在年种植面积2万亩左右。

海盐葡萄种植情况

年份	面积（亩）	亩产量（千克）	总产量（吨）	亩产值（万元）	总产值（万元）
1985	13	32	0.4	—	—
1990	74	372	27.5	—	—
1995	1 866	807	1 506	—	—
2000	2 025	1 146	2 321	—	—
2005	4 578	1 509	6 908	0.844 6	3 866
2010	13 230	1 511	19 991	1.127 6	14 918
2015	21 585	1 660	35 831	1.309 8	28 272
2020	20 040	1 860	37 274	1.47	29 458
2021	20 277	1 910	38 729	1.72	34 876
2022	21 200	1 900	31 714	2.14	45 368

四、主栽品种

海盐县于1985年引入并开始发展巨峰，后根据海盐县农业科学研究所（以下简称"县农科所"）葡萄试验园引入品种表现，选择适合海盐的优质品种发展，主栽品种经历了6次较大的调整，目前形成以阳光玫瑰为主、多品种共同发展的格局。

1.藤稔

欧美杂种，原产地日本，亲本为红蜜×先锋。果穗圆柱形或圆锥形。果粒着生中等紧密；果粒短椭圆形或圆形，紫红或紫黑色。果皮中等厚，有涩味。果肉中等脆，有肉囊，汁中等多，味酸甜。

1991年县农科所引入藤稔。1992年武原镇富亭村、城原村，以及于城镇太平村等农户开始种植。该品种表现为果粒特大，有较好的市场，发展较快，并逐步替代巨峰。至1998年藤稔葡萄种植面积达1 003亩，占当年海盐县葡萄种植面积57.2%，成为主栽品种。

2005年种植3 274亩，占海盐县葡萄71.5%。2010年种植4 720亩，占种植面积的35.7%，继续成为主栽品种。2015年种植3 972亩，占海盐县葡萄种植面积18.4%。2017年种植3 070亩，占种植面积的14.3%，历经25年一直为主要搭配品种。

县农科所试验园藤稔精品超大果果穗，果粒均重超过25克（摄于2013年7月）

2.无核白鸡心

欧亚种，原产美国，别名森田尼无核、世纪无核，亲本为Gold×Q25-6。果穗长圆锥形，果粒着生中等紧密。果粒略呈鸡心形，黄绿色或金黄色。果皮薄、韧，与果肉较难分离。果肉硬脆，汁较多，味甜，略有玫瑰香味。

1998年县农科所和武原镇富亭村夏寿明等同时引入无核白鸡心，该品种由于产量较高且稳产，果实好看，经济效益较好，发展较快，成为欧亚种主栽品种。

至2005年，全县无核白鸡心种植面积达890亩，约占全县葡萄种植面积的19.4%。由于农户采青销售，上市品质和价格逐年下滑，2006年后种植面积逐年缩小，无核白鸡心被醉金香取代，至2010年种植面积缩至215亩，目前已全部淘汰。

县农科所试验园无核白鸡心（摄于1999年7月）

3.醉金香

欧美杂种。别名茉莉香。辽宁省农业科学院园艺研究所育成，亲本为7601（玫瑰香芽变）×巨峰。果穗圆柱形或圆锥形，果粒倒卵圆形，金黄色，果粉中等。果皮中等厚、脆。果肉软，汁多，味极甜，具有茉莉香味。1995年开始在北方种植，由于坐果较差，运销过程易落粒，没有发展。

2003年，县农科所和于城镇八字村等农户同时引入醉金香，无核化栽培获得成功，糖度高口感好，售价较高，经济效益较好，发展较快。

2010年，醉金香种植面积为4 120亩，占全县葡萄种植面积的31.1％。藤稔面积占35.7％，这两个品种成为主栽品种。2015年种植4 965亩，占全县葡萄种植面积的23.0％。2017年种植5 050亩，占全县葡萄种植面积的23.5％，历经15年一直为主要搭配品种。

醉金香

4.红地球

欧亚种，原产地美国。亲本为C12-80×S445-48。果穗圆锥形，穗梗细长。果粒着生松紧适度，整齐均匀，果粒近圆形或卵圆形，红色或紫红色。果粉中等厚，果皮薄、韧，与果肉较易分离。果肉硬脆，汁多，味甜，无香味。

县农科所于1997年引入红地球，2001年武原镇大刘村开始种植，由于产量不稳，销售市场尚未形成，没有得到发展。但经过几年实践，稳产优质栽培技术和销售市场逐步形成，2006年开始得到发展。

至2010年海盐县红地球种植面积3 425亩，占全县葡萄种植面积25.9%。2012年种植7 800亩，占43.7%，超过藤稔、醉金香种植面积，成为主栽品种。2013年种植10 200亩，占海盐县葡萄种植面积51.1%。2015年种植11 974亩，占55.5%。2017年种植11 331亩，占52.8%。海盐县成为浙江省红地球种植面积最大的县。

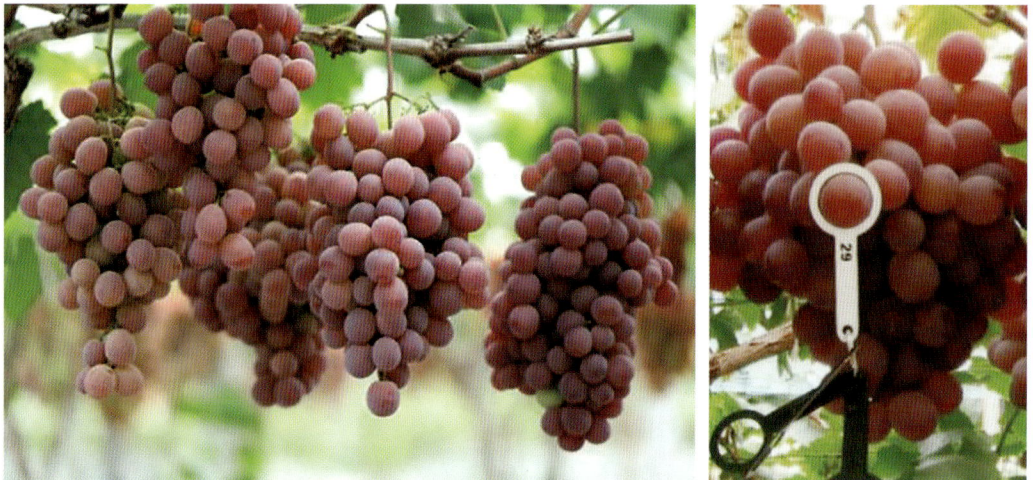
红地球

5.夏黑、早夏无核

欧美杂种，1968年日本山梨县果树试验场杂交育成，亲本为巨峰×无核白鸡心。果穗圆锥形。果粒着生紧密或极紧密。果粒近圆形，紫黑色或蓝黑色，果粉厚。果皮脆而厚，无涩味。果肉硬脆，无肉囊，味浓甜，具草莓香味。

早夏无核为夏黑早熟芽变品种，性状同夏黑。

县农科所试验园2003年引入夏黑，2013年引入早夏无核，表现早熟、稳产、优质，有较好的市场。2012年后夏黑开始发展，至2017年海盐县种植1 350亩，占葡萄种植面积的6.3%，成为主要早熟品种。2017年开始大力发展阳光玫瑰之后，夏黑种植面积逐渐萎缩。

6.阳光玫瑰

欧美杂交种，原产日本。亲本为安芸津21号×白南。果穗圆柱形。果粒着生紧密，椭圆形，黄绿色，果面有光泽，果粉少。果肉鲜脆多汁，有玫瑰香味。

县农科所试验园于2012年引入阳光玫瑰，果实好看、好吃、好运、好卖。2015年开始示范推广，2016年随着种植技术和销售市场的逐渐成熟，海盐县乃至全国都掀起了一股阳

夏黑

早夏无核

阳光玫瑰

光玫瑰热潮。2017年海盐县种植320亩，截至2023年初，全县阳光玫瑰种植面积1.25万亩，占全县葡萄种植面积的60%。

随着海盐县、嘉兴市、浙江省乃至全国阳光玫瑰种植面积快速增长，2023年葡萄销售期间阳光玫瑰价格较之前明显下跌，海盐县积极谋划重新建设良种园，开展新品种引进试验。

海盐葡萄良种园

第四章
技术研究与成果

海盐葡萄从少到多稳步发展，离不开专业的葡萄种植技术支撑。海盐葡萄一直注重栽培技术研究，多年来取得了显著成果。一方面，通过建立葡萄试验园、引进葡萄新品种、创新试验多项技术成果，实践提升葡萄设施栽培管理技术，积极完善高效省力化栽培技术，解决葡萄产业发展中存在的技术问题，实现葡萄稳产、优质、安全与高效，为南方葡萄发展提供"海盐方案"。另一方面，积极举办学术会议、邀请专家学者调研，通过产地观摩和技术交流，有效吸收来自全国的葡萄专家与学者的最新科技成果，将科研成果转化为生产力，推广应用于生产实践，进一步提高海盐葡萄生产的科技水平，同时将海盐葡萄推向全国。

一、葡萄试验园的建立

县农科所试验园的建立，为海盐葡萄产业发展奠定了良好的技术研究基础。1990年建园，面积9亩，初种植葡萄、柑橘、梨、桃、枇杷、无花果、樱桃等多种果树，其中葡萄3亩。1993年将其他果树淘汰掉，改建为葡萄试验园。县农科所试验园主要由杨治元负责，直到2020年由于城市规划，试验园移交出去。30年间，杨治元先生在这块试验园中开展新品种、新技术、新栽培模式的多项试验，同时还开展现场教学，小小的试验园吸引了数不胜数的葡萄专家、学者、种植户前来交流指导学习。县农科所试验园作为研究葡萄配套栽培技术的创新园、栽培技术不断调整的探索园、防灾减灾的实践园、栽培技术是否适用的验证园、技术推广的示范园、县内

试验园部分工作人员合影
（从右到左：杨治元、晁无疾、陈哲、王其松）

外学员考察的学习园，它的建立对海盐县葡萄产业发展起到了积极的推动作用。中国农学会葡萄分会第一至四届副会长兼秘书长、第五届会长晁无疾教授多次考察试验园。2015年9月他来到试验园说："这块小园影响到全国。"

二、新品种引进

海盐县从1987年开始种植巨峰，1989年开始引入其他品种，主要由县农科所引种到试验园，至2023年共引入品种160余个，其中欧美杂种79个，欧亚种74个，砧木8种。主要引入品种有：

1. 接穗品种

1987年：巨峰。

1989年：康太、红富士、田野红。

1990年：白香蕉、龙宝、红瑞宝、伊豆锦、三泽系红伊豆、京超、高墨、黑奥林。

1991年：藤稔。

1992年：紫玉、黑丰、黑元帅、红蜜、喜乐、前峰、凤凰51、布朗无核。

1994年：京亚、京优。

1995年：京玉。

1996年：亚宝、金优（黄金香）。

1997年：早岗山、金星无核、无核早红（8611）、无籽8612、红地球、绯红（乍娜）、黑玫瑰、沈87-1。

1998年：无核白鸡心（森田尼无核）、里扎马特、美人指、巨

巨峰　　　　红富士　　　　藤稔　　　　美人指　　　　红地球

星、香妃、京秀、秋红、秋黑。

1999年：高妻、国立一号、矢富萝莎、意大利、红意大利、瑞必尔、早玉、红宝石无核、早熟红无核。

2000年：超藤、藤发、金峰、鄞红（甬优一号）、早甜、奥古斯特、维多利亚、甲斐路、高千穗、黑大粒。

2001年：优宝、早峰、选拔140、优无核、奇妙无核、皇家秋天、郑果大无核。

2002年：黑峰、黑蜜、翠峰、信侬乐（信侬笑）、香悦、金手指、摩尔多瓦、无核108、鹰冠王无核、红高、6-12、90-1、628、早黑宝、早艳、神彩35、黑爱莫无核、红旗特早玫瑰、奥迪亚无核、莫莉莎无核、奥特姆无核、克瑞森无核。

奥古斯特

维多利亚

信侬笑

金手指

克瑞森无核

2003年：峰后、醉金香、夕阳红、户太8号、巨玫瑰、夏黑、红双味、温克、巴西、红萝莎里奥、黑天鹅、高蓓蕾、红茧、玫四-1。

2004年：天缘奇、莎加蜜、香珍珠、早巨选、超宝、七月玫瑰、金玉指、黑艳无核。

2005年：贵妃玫瑰、黄玉。

2006年：洛甫早生。

2008年：辽峰。

2009年：红乳、比昂扣（白萝莎里奥）。

2010年：宇选1号。

2011年：黑彼特（黑色甜菜）、霸王、金田美指。

2012年：阳光玫瑰、红芭拉多、夏至红、小辣椒、东方之星、天山、新星无核（A09）、黑美人（A17）、红指、东方美人指、新美人指。

红萝莎里奥

贵妃玫瑰

黄玉

比昂扣

宇选1号

黑彼特

霸王

金田美指

红芭拉多

夏至红

小辣椒

东方之星

天山

新星无核

黑美人

新美人指

2013年：早夏无核、黑芭拉多。

2014年：晨旭、早熟美人指。

2015年：含香蜜。

2016年：红国王、早熟红地球。

2018年：浪漫红颜、甜蜜蓝宝石、天工墨玉、天工蜜、天工翡翠、新雅、春光、蜜光、宝光、峰光、南太湖特早、绍星一号。

2020年：妮娜皇后、葡之梦。

2021年：黑皇、富士之辉。

早夏无核

黑芭拉多

浪漫红颜

甜蜜蓝宝石

宝光

峰光

天工墨玉

2.砧木品种

1995年：SO4、5BB、5C。

2000年：华佳8号、贝达。

2010年：抗砧3号。

2016年：3309C、3309M。

三、技术研究

海盐葡萄规模化发展以来，县农科所科技人员潜心研究葡萄品种特性和综合配套生产技术，从品种引入到栽培技术的研究，可归纳为14个类别。

1.品种研究与推广

品种性状特性观察总结，研究巨峰系、玫瑰香系家谱演化；起草藤稔、无核白鸡心相关地方标准；大紫王品种选育；海盐县主栽品种适时调整，推动

海盐葡萄较快发展；藤稔、阳光玫瑰等12个品种稳产、精品（优质）栽培技术研究；藤稔、无核白鸡心、醉金香、红地球等7个品种推广等。

所有引入品种种植前3年均认真观察，记载品种性状、特性，主要包括露地（避雨）栽培萌芽期、开花期、成熟期，花芽分化和丰产、稳产性，自然坐果果穗、果粒性状（包括果穗形状、果穗大小、坐果特性、果穗紧密度），果粒形状、果粒大小、果皮颜色、果皮厚薄、果粉多少、可溶性固形物含量、酸度、香味、口感及抗病性和抗逆性等。经3年种植，对品种作出初步评价后，即判

定为可推广品种、作为搭配品种或者不宜种植品种。

判定为可推广的品种，继续研究其配套栽培技术，在推广中提供关键技术，使果农在种植中少走弯路。

2.大棚促早熟栽培技术研究、创新与推广

大棚建造研究；大棚促早熟单膜、双膜栽培技术研究与调整；大棚栽培棚内外温度、地温、相对湿度、光照度研究；大棚促早熟栽培产量不稳定因素和解决措施研究；大棚促早熟栽培成熟不早原因和促早熟配套技术研究；大棚促早熟栽培技术推广等。

3.葡萄架式研究、创新与推广

双十字V形架研究；V形水平架研究；H形V形水平架研究；改架研究；三种架式和改架推广等。

4.嫁接栽培研究与推广

12个葡萄品种嫁接栽培砧穗组合研究，大棚嫁接育苗研究，葡萄嫁接栽培技术推广等。

5.当年种植园管理研究与推广

当年种植园培育好树势、促花芽分化，第二年达到丰产型的花量研究及推广等。

6.花芽分化研究与推广

各种类型品种花芽分化特性观察；南方葡萄花芽分化不好原因调查；促花芽分化配套技术研究与推广等。

7.破眠剂使用研究与推广

试验园用石灰氮涂结果母枝连续进行6年对比试验，对破眠剂选择和破眠剂使用进行技术研究与推广等。

8.6叶剪梢+2芽冬剪技术研究与推广

6叶剪梢研究与实践；冬季2芽修剪研究与实践；以6叶剪梢

为基础的蔓叶数字化管理研究；葡萄2芽冬剪配套技术研究；6叶剪梢+2芽冬剪配套技术研究与推广等。

9.精品栽培和花穗精管研究与推广

葡萄精品栽培理念的形成；花穗精管技术研究；花穗精管技术推广与应用等。

10.植物生长调节剂使用研究与推广

藤稔、醉金香、夏黑、早夏无核、巨玫瑰、阳光玫瑰、鄞红、京亚、宇选一号、无核白鸡心的保果剂、果实膨大剂选择与使用研究；金手指增大果穗研究；红提大宝在红地球上的使用研究；多效唑、PBO、矮壮素等控制新梢生长的植物生长调节剂研究；乙烯利促进巨峰果实着色试验；植物生长调节剂在葡萄上的应用及推广等。

11.裂果、果实日灼的发生和防止研究与推广

裂果发生的原因与防止裂果的措施研究；果实日灼发生的原因与防止日灼的措施研究；防裂果、防果实日灼技术推广等。

12.葡萄"三减半"栽培技术研究和推广

葡萄"三减半"栽培理念研究；葡萄种植株数减半可再减半研究；肥料施用减半研究；农药使用减半再减半技术及推广等。

13.气象灾害发生和减灾措施研究与推广

南方葡萄大棚栽培雪害、南方葡萄大棚促早熟栽培冻害、南方葡萄大棚栽培风害、南方葡萄大棚促早熟栽培热害，以及葡萄涝害、霜害与霜冻、雹害7种气象灾害发生与减灾措施研究及推广等。

14.葡萄两季栽培技术研究

葡萄两季栽培应用与实践、两季栽培遇到的问题、两季栽培配套技术研究。

四、举办学术会议

1.浙江省葡萄现场考察会

浙江省葡萄研究会于1995年8月9日在海盐召开浙江省葡萄现场考察会，来自浙江省各地的葡萄专家、学者和栽培者出席会议。会议由浙江省葡萄研究会会长陈履荣主持。会议主要考察县农科所葡萄试验园和武原街道城原村、城西村藤稔葡萄园的双十字V形架。

通过这次会议，葡萄双十字V形架在全省得到了较快推广。

浙江省葡萄现场考察会现场

浙江省葡萄现场考察会在县农科所葡萄试验园召开，考察双十字V形架和藤稔葡萄（摄于1995年8月9日）

2.第一次全国南方葡萄学术讨论会

由中国农学会葡萄分会主办，上海市农业科学院、上海马陆葡萄研究所、县农科所承办的第一次南方葡萄学术研讨会，于1996年6月18—20日在上海召开。会议由葡萄分会副会长李世诚研究员主持，农业部科技司司长、中国农学会葡萄分会会长费开伟研究员及三位副会长出席。其他葡萄专家、学者共50多人参会。

会议代表于6月19日考察海盐葡萄基地。费开伟会长考察后接受《浙江科技报》记者张玲儿采访，费开伟会长指出："海盐县创新的葡萄双十字V形架式及其相配套的规范化栽培技术，非常简单，又很实用，在我国冬季葡萄不受冻害的地区都可以推广。"

这次会议后，葡萄双十字V形架在南方得到推广。

1996年6月19日，《浙江科技报》刊发《南方葡萄路在何方》一文

3.第三次全国南方葡萄学术研讨会

2002年7月18—20日，由中国农学会葡萄分会主办，浙江省农业厅、海盐县人民政府承办的第三次全国南方葡萄学术研讨会在海盐县举办。会议由中国农学会葡萄分会第一届副会长兼秘书长晁无疾主持。中国农学会葡萄分会会长罗国光、副会长李世诚出席会议。13个省（自治区、直辖市）共162人到会，其中正高级职称11名，副高级职称25名。会议主题是推广葡萄大棚栽培技术和避雨栽培技术。

晁无疾教授在研讨会闭幕词中指出："要学习海盐县的经验，凡是要在当地生产上推广的品种和技术必须经过多年观察和试验。海盐县大面积推广欧亚种避雨栽培技术是个很好的典范。我国南方甚至包括华北中南部地区，受季风影响夏秋多雨，对葡萄生产十分不利，而避雨栽培为南方地区发展欧亚种葡萄开辟了一条新的途径。我们学习海盐县的经验，就要结合当地实际进一步加强对南方葡萄设施栽培的研究，进一步提高葡萄品质，进一步提高南方葡萄在国内、国际市场的竞争力，使南方葡萄走向全国，走向世界，创造出更高的效益。"

这次会议后，葡萄大棚栽培、避雨栽培在南方及全国得到推广。

第三次全国南方葡萄学术研讨会现场情况

4.浙江省葡萄优质高效经验交流会议

浙江省农业推广基金会于2004年8月4日在海盐召开浙江省葡萄优质高效经验交流会议，会议由嘉兴市市长、浙江省农业推广基金会副会长杜云昌主持。来自浙江各地60多位代表参加了会议。

5. 2023浙江省精品葡萄评比暨产业高质量发展研讨会

2023年8月22—23日，2023浙江省精品葡萄评比暨产业高质量发展研讨会在海盐县召开，浙江省农业技术推广中心副主任厉宝仙出席活动。8月22日下午，厉宝仙带队参观考察了位于望海街道双桥村的佳佳乐农场。厉宝仙表示："这家

杨治元在第三次全国南方葡萄学术研讨会上发言

农场的标准化技术做得非常到位，建议各地要发挥示范基地的标杆作用，开展葡萄先进技术展示和推广，做到以点带面，扩面增效，推动葡萄产业高质量发展。"

8月23日上午，海盐县委副书记张华良在会上致辞，海盐县农业农村局党委委员、副局长邬佳伟作海盐葡萄产业报告《聚焦"一县一品"产业振兴 擦亮"海盐葡萄"地理标志》，浙江大学农业技术推广中心教授贾惠娟、中国农业科学院郑州果树研究所副所长刘崇怀、中国农学会葡萄分会会长刘俊分别作主题报告。

五、专家学者调研

海盐葡萄规模发展近40年

国家葡萄产业技术体系原首席科学家段长青（右一）

中国农学会葡萄分会会长刘俊（右四）

中国农学会葡萄分会原会长晁无疾（中间）

中国农业科学研究院郑州果树研究所副研究员陈锦永（左二）

来，共计有31个单位90位国家级、省级葡萄专家来海盐县考察交流。

中国农业科学院果树研究所所长刘凤之（左）

南京农业大学教授、国家葡萄产业技术体系岗位科学家陶建敏（左）

中国台湾葡萄专家陈光正（右二）、王振陆（右一）

浙江省农业技术推广中心原副主任徐云焕（右二）、浙江省农业技术推广中心原水果科科长孙钧（右一）

海盐县葡萄主栽品种数字化栽培技术研究与示范科技项目验收会与会人员合影

六、研究成果

（一）出版书籍

编著出版了27本葡萄专著，共约492万字，彩照约4 300幅，绘制线条图约340幅，实验园试验调查表约510张。

书名：《特大粒葡萄——藤稔栽培新技术》
作者：陈履荣、江文彬、杨治元
页数：203页
字数：14.4万
出版社：上海科学技术出版社
出版时间：1993年9月

书名：《藤稔葡萄大粒优质栽培》
作者：杨治元
页数：251页
字数：17.6万
出版社：上海科学技术出版社
出版时间：1999年6月

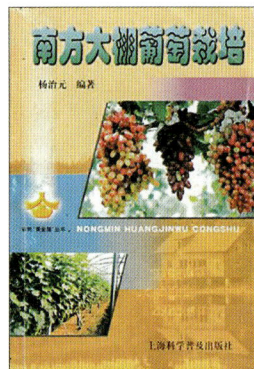

书名：《南方大棚葡萄栽培》
作者：杨治元
页数：213页
字数：15.4万
出版社：上海科学普及出版社
出版时间：2000年5月

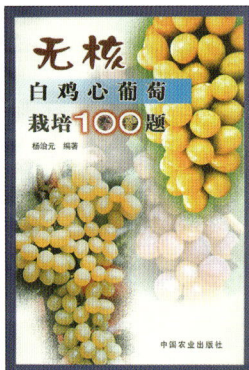

书名：《无核白鸡心葡萄栽培100题》
作者：杨治元
页数：255页
字数：20.7万
出版社：中国农业出版社
出版时间：2002年7月

书名：《浙江葡萄实用栽培技术》
作者：杨治元
页数：158页
字数：13.2万
出版社：中国农业科学技术出版社
出版时间：2002年7月

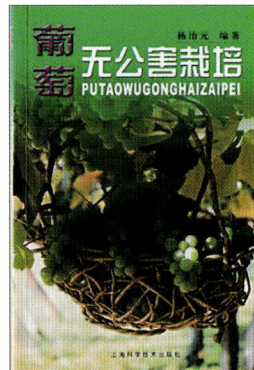

书名：《葡萄无公害栽培》
作者：杨治元
页数：224页
字数：16.1万
出版社：上海科学技术出版社
出版时间：2003年7月

书名:《葡萄避雨+套袋栽培》
作者:杨治元
页数:224页
字数:16.1万
出版社:中国农业出版社
出版时间:2004年1月

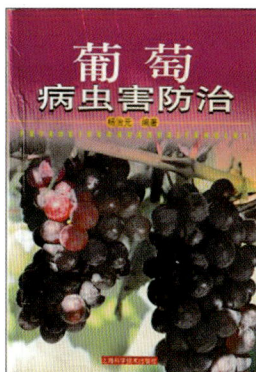

书名:《葡萄病虫害防治》
作者:杨治元
页数:293页
字数:20.7万
出版社:上海科学技术出版社
出版时间:2005年1月

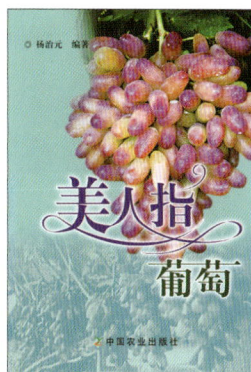

书名:《美人指葡萄》
作者:杨治元
页数:186页
字数:15.2万
出版社:中国农业出版社
出版时间:2005年8月

书名:《藤稔葡萄安全生产技术手册》
作者:杨治元、杨付生
页数:186页
字数:15.2万
出版社:上海科学技术出版社
出版时间:2005年8月

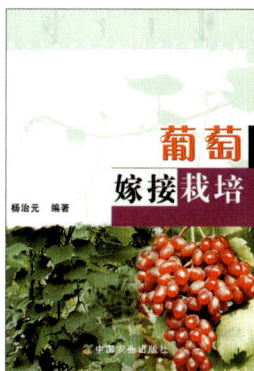

书名:《葡萄嫁接栽培》
作者:杨治元
页数:150页
字数:12.2万
出版社:中国农业出版社
出版时间:2006年4月

书名:《巨峰系葡萄品种特性与栽培》
作者:杨治元
页数:252页
字数:20.5万
出版社:中国农业出版社
出版时间:2007年6月

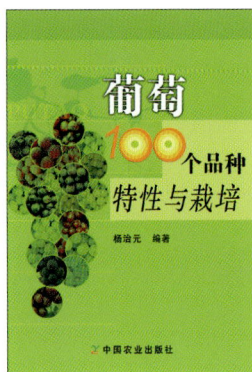

书名：《葡萄100个品种特性与栽培》
作者：杨治元
页数：248 页
字数：20.0 万
出版社：中国农业出版社
出版时间：2008年2月

书名：《醉金香葡萄》
作者：杨治元
页数：155 页
字数：12.6 万
出版社：中国农业出版社
出版时间：2008年7月

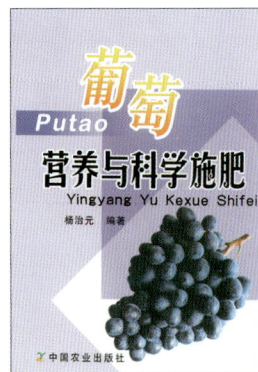

书名：《葡萄营养与科学施肥》
作者：杨治元
页数：213 页
字数：17.5 万
出版社：中国农业出版社
出版时间：2009年7月

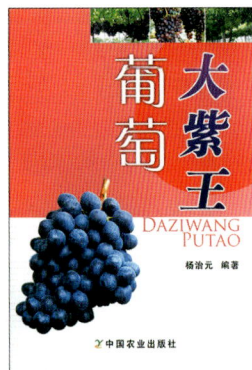

书名：《大紫王葡萄》
作者：杨治元
页数：269 页
字数：22.1 万
出版社：中国农业出版社
出版时间：2010年7月

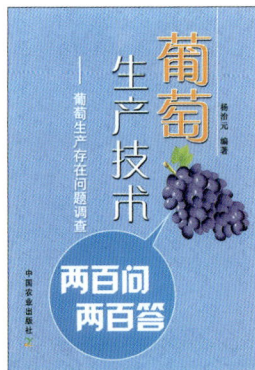

书名：《葡萄生产技术两百问两百答》
作者：杨治元
页数：274 页
字数：22.3 万
出版社：中国农业出版社
出版时间：2011年5月

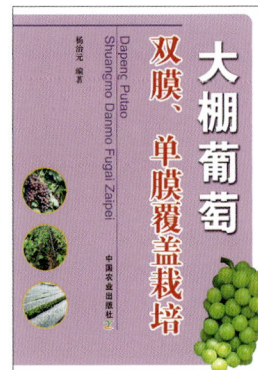

书名：《大棚葡萄双膜、单膜覆盖栽培》
作者：杨治元
页数：290 页
字数：23.6 万
出版社：中国农业出版社
出版时间：2011年9月

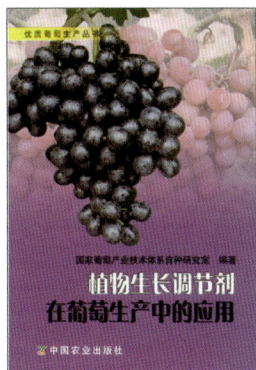

书名：《植物生长调节剂在葡萄生产中的应用》
作者：陈锦永主编、杨治元副主编
页数：192 页
字数：15.6 万
出版社：中国农业出版社
出版时间：2011 年 8 月

书名：《葡萄蔓叶果数字化生产技术》
作者：杨治元
页数：296 页
字数：27.4 万
出版社：中国农业科学技术出版社
出版时间：2012 年 3 月

书名：《彩图版红地球葡萄》
作者：杨治元
页数：197 页
字数：17.8 万
出版社：中国农业出版社
出版时间：2013 年 8 月

书名：《彩图版夏黑葡萄》
作者：杨治元、王其松、应霄
页数：228 页
字数：22.0 万
出版社：中国农业出版社
出版时间：2014 年 7 月

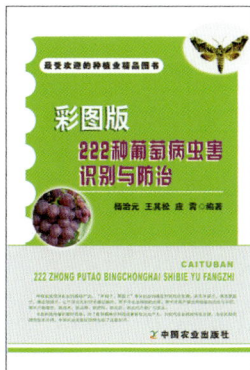

书名：《彩图版222种葡萄病虫害识别与防治》
作者：杨治元、王其松、应霄
页数：270 页
字数：25.0 万
出版社：中国农业出版社
出版时间：2016 年 1 月

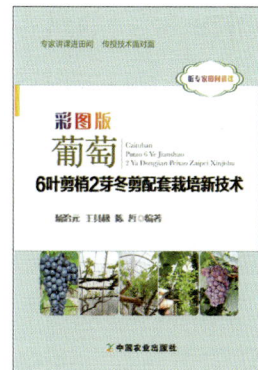

书名：《彩图版葡萄6叶剪梢2芽冬剪配套栽培新技术》
作者：杨治元、王其松、陈哲
页数：283 页
字数：25.0 万
出版社：中国农业出版社
出版时间：2017 年 1 月

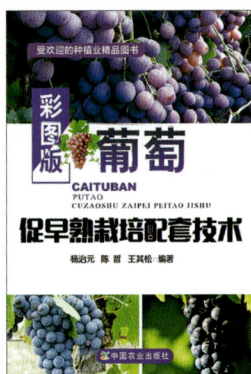

书名：《彩图版葡萄促早熟栽培配套技术》
作者：杨治元、王其松、陈哲
页数：155 页
字数：15.2 万
出版社：中国农业出版社
出版时间：2018 年 4 月

书名：《彩图版阳光玫瑰葡萄栽培技术》
作者：杨治元、陈哲、王其松
页数：186 页
字数：15.2 万
出版社：中国农业出版社
出版时间：2018 年 6 月

书名：《图解阳光玫瑰葡萄精品高效栽培》
作者：杨治元、陈哲
页数：140 页
字数：13.5 万
出版社：中国农业出版社
出版时间：2021 年 7 月

（二）发表论文

自 1994 年以来，在国家、省、市各级各类期刊杂志上共发表文章 151 篇。发表的文章分为 9 个主题，分别是浙江省及海盐县葡萄产业发展情况 14 篇；葡萄品种选择及特性研究 76 篇；大棚设施栽培研究 15 篇；葡萄气象灾害及防治研究 8 篇；葡萄蔓叶花果研究 16 篇；葡萄嫁接栽培研究 3 篇；葡萄植物生长调节剂使用研究 4 篇；土肥水管理研究 6 篇；病虫害防治研究 9 篇。

发表论文情况

序号	发表文章名	发表期刊名	作者	发表年份
1	特大粒"藤稔"葡萄引种及良法栽培	上海农业科技	杨治元	1994 年
2	藤稔葡萄果实大小表现的调查报告	葡萄栽培与酿酒	杨治元	1994 年
3	藤稔葡萄丰产、特大粒兼顾型栽培模式——海盐县农业科学研究所1991 年藤稔葡萄栽培技术总结	葡萄栽培与酿酒	杨治元	1994 年

（续）

序号	发表文章名	发表期刊名	作者	发表年份
4	藤稔葡萄定向栽培模式	全国第三次葡萄科学讨论会论文集	杨治元	1995年
5	早熟优质京优葡萄在浙江的表现	葡萄栽培与酿酒	杨治元	1995年
6	葡萄双十字Ｖ形架研究	葡萄栽培与酿酒	杨治元	1995年
7	双十字Ｖ形架相配套藤稔葡萄栽培新技术	山西果树	杨治元	1996年
8	藤稔葡萄施肥效应调查报告	山西果树	杨治元，周金明	1996年
9	藤稔葡萄园1996年丰产优质栽培技术总结	落叶果树	杨治元	1997年
10	藤稔葡萄大粒优质丰产栽培措施总结	中国南方果树	杨治元	1998年
11	藤稔葡萄嫁接苗、自根苗研究	山西果树	杨治元	1998年
12	葡萄结果母枝涂石灰氮试验总结	山西果树	杨治元	1998年
13	藤稔葡萄喷用PBO试验总结	葡萄栽培与酿酒	杨治元	1998年
14	浙北葡萄病害防治经验总结	中国南方果树	杨治元	1998年
15	海盐县藤稔葡萄栽培技术总结	甘肃农业大学学报	杨治元	1999年
16	南方大棚葡萄光照度研究	中外葡萄与葡萄酒	杨治元	1999年
17	京亚葡萄大穗大粒栽培技术	中国南方果树	杨治元	1999年
18	藤稔葡萄病害防治经验	农技服务	杨治元	1999年
19	无核白鸡心葡萄的特性及大粒丰产栽培	中国南方果树	杨治元	2000年
20	南方大棚葡萄温湿度调控研究	中外葡萄与葡萄酒	杨治元	2000年
21	根据市场需求 选择品种 种好葡萄	中外葡萄与葡萄酒	杨治元	2000年
22	大棚草莓补施二氧化碳试验小结	中国南方果树	张永华，杨治元	2000年
23	大棚无核白鸡心葡萄花序量调查	中国南方果树	杨治元	2000年
24	南方葡萄结果母枝涂石灰氮的效应及使用技术	中国南方果树	杨治元	2001年
25	无核白鸡心性状观察和大棚栽培技术要点	中外葡萄与葡萄酒	杨治元	2001年

（续）

序号	发表文章名	发表期刊名	作者	发表年份
26	因雨制宜 防好葡萄病害——海盐县农业科学研究所藤稔葡萄防病经验总结	中外葡萄与葡萄酒	杨治元	2001年
27	用石灰氮打破大棚葡萄休眠试验	果农之友	杨治元	2001年
28	海盐县富亭村无核白鸡心葡萄丰产大粒优质栽培技术调查	中外葡萄与葡萄酒	杨治元	2001年
29	南方大棚葡萄地温研究	中外葡萄与葡萄酒	杨治元	2001年
30	海盐县无核白鸡心栽培技术总结	中外葡萄与葡萄酒	杨治元	2002年
31	无核白鸡心葡萄白腐病的防治	柑桔与亚热带果树信息	杨治元	2002年
32	浅析浙江葡萄发展前景	中外葡萄与葡萄酒	杨治元	2002年
33	无核白鸡心葡萄果粒增大技术初步研究	中国南方果树	杨治元	2002年
34	藤稔葡萄适用砧木研究初报	中外葡萄与葡萄酒	杨治元	2002年
35	先锋1号葡萄品种特性及栽培技术要点	柑桔与亚热带果树信息	杨治元	2003年
36	南方欧亚种葡萄应降降温	中外葡萄与葡萄酒	杨治元	2003年
37	南方欧亚种葡萄冬季修剪研究小结	中国南方果树	杨治元	2003年
38	海盐县葡萄避雨栽培调查	中外葡萄与葡萄酒	杨治元	2003年
39	海盐"纯元"牌无公害葡萄基地检测分析和启示	中外葡萄与葡萄酒	杨治元	2003年
40	葡萄环剥促进着果和果实成熟试验小结	中国南方果树	杨治元	2004年
41	葡萄花序拉长剂——赤霉素的效果和使用技术	中外葡萄与葡萄酒	杨治元	2004年
42	南方栽培欧亚种葡萄易出现的问题	山西果树	杨治元	2004年
43	SO4砧木的藤稔葡萄栽培管理要点	中外葡萄与葡萄酒	杨治元	2004年
44	SO4砧藤稔葡萄当年种植培育管理	柑桔与亚热带果树信息	杨治元	2004年
45	浙江省葡萄生产现状及存在问题	河北林业科技	杨治元	2004年
46	巨峰系葡萄家谱研究	中外葡萄与葡萄酒	杨治元	2005年

（续）

序号	发表文章名	发表期刊名	作者	发表年份
47	浙江葡萄业应重视发展早熟品种	中国南方果树	杨治元	2005年
48	葡萄品种选择不当效益低下	柑桔与亚热带果树信息	杨治元	2005年
49	葡萄鲜食品种发展趋势	果农之友	杨治元	2005年
50	巨玫瑰葡萄特性与栽培技术要点	上海果树	杨治元	2005年
51	不同果袋防止美人指葡萄日烧试验	中外葡萄与葡萄酒	杨治元	2005年
52	紫地球与红地球葡萄性状、特性比较	果农之友	杨治元	2006年
53	多抗性砧木SO4砧穗组合试验总结	中外葡萄与葡萄酒	杨治元	2006年
54	玫瑰香系葡萄家谱研究	中国果树	杨治元	2006年
55	醉金香葡萄引种观察及栽培技术要点	果农之友	杨治元	2006年
56	美人指葡萄促早熟栽培措施及效果简介	中国南方果树	杨治元	2006年
57	美人指、藤稔等葡萄品种开花生物学特性观察	中外葡萄与葡萄酒	杨治元	2006年
58	葡萄良种——温克	果农之友	杨治元	2006年
59	夏黑葡萄的特性与栽培技术要点	中国果业信息	杨治元	2007年
60	海盐县葡萄发展历程及新发展期品种选择	中国南方果树	杨治元	2007年
61	红地球芽变在海盐县的栽培性状初报	中外葡萄与葡萄酒	杨治元	2007年
62	醉金香葡萄特性与无籽栽培要点	果农之友	杨治元	2007年
63	翠峰特性与栽培要点	上海果树	杨治元	2007年
64	矢富萝莎特性与栽培技术要点	上海果树	杨治元	2007年
65	少用农药防治好南方葡萄病害的综合措施	中国南方果树	杨治元,王金良	2007年
66	巨玫瑰引种表现与栽培技术要点	山西果树	杨治元	2007年
67	金手指葡萄的特性与栽培技术要点	中国南方果树	杨治元	2007年
68	三个优良葡萄品种——维多利亚、奥古斯特、京玉	果农之友	杨治元	2007年

（续）

序号	发表文章名	发表期刊名	作者	发表年份
69	紫地球葡萄种植情况和性状、特性续报	葡萄产业化与标准化生产——2007年第十三届全国葡萄学术研讨会论文集	杨治元	2007年
70	醉金香葡萄有籽栽培总结	果农之友	杨治元	2008年
71	陈剑明葡萄双膜覆盖和藤稔超大果栽培调查	上海果树	杨治元	2008年
72	香妃葡萄的引种栽培	果农之友	杨治元	2008年
73	葡萄新品种大紫王通过省级鉴定	中国果业信息	杨治元	2008年
74	醉金香葡萄单膜覆盖促成有籽栽培	果农之友	杨治元	2009年
75	大棚葡萄双膜覆盖、温湿度测定与调控	中外葡萄与葡萄酒	杨治元	2010年
76	大紫王葡萄双膜覆盖促早熟栽培技术	果农之友	杨治元	2010年
77	大棚葡萄双膜覆盖优越性及存在问题调查	中国南方果树	杨治元，杨付生	2010年
78	浙江省海盐县葡萄亩产值超万元调查	中国南方果树	杨治元，杨付生	2010年
79	浙江省大棚葡萄冻害调查及防冻补救措施	中国南方果树	杨治元	2010年
80	大棚葡萄双膜覆盖栽培光照度变化的研究	中国南方果树	杨治元	2010年
81	"大果宝"在醉金香葡萄上的应用效果	中外葡萄与葡萄酒	杨治元	2010年
82	浅谈葡萄数字化生产技术	第17届全国葡萄学术研讨会论文集	杨治元	2011年
83	超大果藤稔葡萄数字化栽培技术总结	中国南方果树	杨治元	2011年
84	夏黑葡萄精品果"数字化"生产技术总结	山西果树	杨治元	2011年
85	大紫王葡萄规范化优质栽培技术总结	中外葡萄与葡萄酒	杨治元	2011年
86	鄞红葡萄数字化无核精品栽培技术总结	中外葡萄与葡萄酒	杨治元，王其松，应霄	2011年

（续）

序号	发表文章名	发表期刊名	作者	发表年份
87	无核精品巨玫瑰葡萄数字化栽培技术	中国南方果树	杨治元	2011年
88	2008—2011年浙江大棚葡萄雪害调查	中国南方果树	杨治元	2011年
89	海盐县葡萄产业发展现状与建议	中国果业信息	王其松，应霄，杨治元	2011年
90	海盐县红地球葡萄稳产，优质栽培技术调查	第17届全国葡萄学术研讨会论文集	王其松，应霄，杨治元	2011年
91	葡萄V形水平架的研究和应用	中外葡萄与葡萄酒	杨治元	2012年
92	海盐县大棚葡萄土壤酸化调查与修复对策	上海农业科技	胡美峰，陈哲，王其松	2012年
93	海盐县葡萄"万亩亿元"工程实施情况调研	上海农业科技	王其松，应霄，李月明	2012年
94	南方大棚葡萄热害调查	中国南方果树	杨治元	2012年
95	主干环剥促早熟应用	果农之友	杨治元	2012年
96	海盐县2012年葡萄生产再创新高	中国果业信息	杨治元，王其松，应霄	2013年
97	浙江海盐红地球葡萄大粒优质栽培技术总结	中外葡萄与葡萄酒	杨治元	2013年
98	南方大棚葡萄促早熟栽培配套技术	中国南方果树	杨治元，王其松，应霄	2013年
99	红地球葡萄数字化优质栽培技术	中国南方果树	杨治元	2013年
100	台风对浙江沿海地区葡萄危害的调查与减灾措施	中外葡萄与葡萄酒	杨治元	2013年
101	大棚葡萄棚膜上冲水防雪害、冻害和热害	中国南方果树	杨治元，王其松，应霄	2013年
102	"红地球"是海盐葡萄产业实现"三增"的当家品种	中国南方果树	杨治元，王其松，应霄	2014年
103	海盐县红地球葡萄产值调查及栽培管理经验	中外葡萄与葡萄酒	应霄，杨治元，王其松	2014年
104	十月强降雨对葡萄的危害和减轻涝灾的技术措施	中国南方果树	杨治元，王其松，应霄	2014年
105	夏黑特早熟芽变种——早夏无核	河北林业科技	杨治元	2014年

（续）

序号	发表文章名	发表期刊名	作者	发表年份
106	海盐县万亩"红地球"葡萄优质高效生产调查	上海农业科技	王其松，应霄，杨治元	2014年
107	藤稔葡萄丰产、超大穗、超大果栽培新技术	中外葡萄与葡萄酒	杨治元	2014年
108	"光碳核肥"在葡萄生产上试验应用效果初报	河北林业科技	王其松，应霄，白照军	2014年
109	"红地球"葡萄优质高效栽培技术总结	中国果业信息	王其松，应霄，钟雪斌	2015年
110	18个葡萄新品种在海盐县的引种试验	中外葡萄与葡萄酒	杨治元，王其松，应霄	2015年
111	红地球葡萄超大果粒芽变品系特性与栽培要点初报	河北林业科技	杨治元	2015年
112	红乳葡萄的品种特性及其栽培技术	中外葡萄与葡萄酒	杨治元	2015年
113	南方中、东部葡萄园pH值测定和酸性土矫治	河北林业科技	杨治元，王其松	2015年
114	植物生长调节剂在葡萄生产上的应用情况调查	河北林业科技	王其松，杨治元，陈哲，胡伟	2015年
115	海盐县葡萄持续较快发展调查	中国南方果树	杨治元，王其松，应霄	2015年
116	葡萄栽植当年种植园管理技术	农村百事通	杨治元	2016年
117	我国南方中东部地区葡萄园土壤pH测定及酸性土壤矫治	中国南方果树	杨治元	2016年
118	海盐县葡萄产销形势分析	中国果业信息	王其松，陈哲，胡伟，杨治元	2016年
119	葡萄当年种植园管理技术总结	中国南方果树	杨治元	2016年
120	海盐县葡萄产业发展的思考	中国果业信息	杨治元	2016年
121	"霸王级"超强寒潮袭击期，大棚葡萄防冻害措施调查	果农之友	陈哲	2016年
122	浙江葡萄产业可适度规模扩大发展	中国果业信息	杨治元，王其松，应霄	2016年
123	海盐县蔡全法红地球葡萄稳产高效栽培技术总结	中外葡萄与葡萄酒	杨治元	2016年

（续）

序号	发表文章名	发表期刊名	作者	发表年份
124	浙江嘉兴大棚葡萄低温冻害预防措施	中外葡萄与葡萄酒	杨治元，陈哲，王其松	2016年
125	南方大棚葡萄促早栽培中的问题探讨	中外葡萄与葡萄酒	陈哲，陈婷，黄芳	2016年
126	海盐县"百合美"家庭农场葡萄生产情况调查	中外葡萄与葡萄酒	王其松，陈哲，王金良，钟雪斌	2016年
127	葡萄老树稳定产量更新实践	果农之友	杨治元	2017年
128	阳光玫瑰葡萄规模种植情况调查初报	中外葡萄与葡萄酒	杨治元，陈哲	2017年
129	阳光玫瑰葡萄建园与种植当年管理技术	中外葡萄与葡萄酒	杨治元，陈哲	2017年
130	海盐县"红地球"葡萄优质栽培技术	上海农业科技	陈水良，黄芳，陈婷，陈杰，陈哲	2017年
131	浙江大棚红地球葡萄滴灌施肥技术实践	中外葡萄与葡萄酒	胡伟，王其松，金晓飞，陈哲	2017年
132	阳光玫瑰葡萄四项关键种植技术	中外葡萄与葡萄酒	杨治元，陈哲	2017年
133	葡萄改架实践	果农之友	陈哲	2017年
134	葡萄园少用农药防好病虫害	中国南方果树	杨治元，陈哲	2017年
135	浙江海盐葡萄花芽问题调查及调节措施	中外葡萄与葡萄酒	陈哲，王其松，冯培英，刘建中	2017年
136	阳光玫瑰葡萄栽培常见问题及调控措施	中外葡萄与葡萄酒	陈哲，王其松	2017年
137	阳光玫瑰葡萄十五项栽培技术	中国南方果树	杨治元，陈哲	2018年
138	海盐县"夏黑"葡萄果穗黑色栽培关键技术	上海农业科技	黄芳，陈哲，王微，陈婷	2018年
139	大棚精品葡萄田间管理栽培技术	上海农业科技	王芸，陈哲，张岚	2018年
140	东南沿海地区大棚葡萄促早熟的影响因素及有效措施	中外葡萄与葡萄酒	冯培英，陈哲	2018年
141	避雨栽培葡萄质量控制技术	落叶果树	胡伟，王其松，杨治元，金晓飞	2019年

（续）

序号	发表文章名	发表期刊名	作者	发表年份
142	浙江海盐大棚葡萄十项省力化栽培技术	中外葡萄与葡萄酒	王其松，陈哲，许高歌	2019年
143	阳光玫瑰葡萄定位栽培技术	中外葡萄与葡萄酒	金晓飞，陈哲	2019年
144	海盐县阳光玫瑰葡萄产业现状与发展对策	中国果业信息	王其松，金晓飞，陈哲，许高歌	2020年
145	天工墨玉葡萄在浙江海盐的设施栽培表现	中外葡萄与葡萄酒	陈哲，许高歌，徐超，金晓飞，王其松	2020年
146	葡萄绿盲蝽防治药剂残留消解试验初报	浙江农业科学	许高歌，王其松，陈哲，赵其君，金晓飞，侯丽娜，杨桂玲	2020年
147	海盐县不同葡萄品种营养品质的差异	浙江农业科学	陈哲，侯丽娜，赵思雨，许高歌，王胜梅，杨桂玲	2020年
148	阳光玫瑰与浪漫红颜葡萄特性比较	中国南方果树	陈哲，陶海锋，徐超，陶永军	2020年
149	葡萄中金龟子防治农药残留与风险评估	浙江农业科学	侯丽娜，孙淑媛，王豆，王彦华，潘明正，陈哲，杨佳玲	2020年
150	铺设反光膜对天工墨玉葡萄成熟期的影响	科学与生活	徐超，陈哲，顾佳悦，金晓飞	2022年
151	"海盐葡萄"地理标志农产品发展对策与规划	中国果业信息	陈哲，徐超，李小婷，赵思雨	2023年

（三）报纸上发表文章

在《农民日报》《浙江科技报》等11家报纸上发表葡萄实用栽培技术文章305篇，共计约30万字。

藤稳"嫁"海盐　粒大品质优
藤稳葡萄在浙北高产优质的栽培技术

● "V"形架式受重视被采用　● 主产特大粒栽培
● 优质苗木已供应近10个省市
海盐藤稳向全国延伸

形架研究通过鉴定
葡萄双十字"V"平
国际先进水平
推广前景良好

经济与技术　1996年8月24日　嘉兴科技报
藤稳葡萄熟了
——海盐藤稳葡萄展示会侧记

青提亩产值可超2万元
浙江科技报
应掌握哪些栽培技术

大棚葡萄花期前后温湿气光的调控
1998年4月28日
浙江科技报

浙江科技报　2004年9月10日
因地制宜　发展早熟葡萄

高温少雨浙江科技报
2003年8月9日
葡萄管理应注意什么？

关于海盐葡萄的若干报道

（四）标准制定

1.起草浙江省地方标准《藤稔葡萄》

1999年，起草浙江省地方标准《藤稔葡萄》。由浙江省质量技术监督局、浙江省农业厅组织召开的浙江省地方标准藤稔葡萄审定会，于1999年8月20日在海盐县召开。来自浙江省质量技术监督局、浙江省农业厅、浙江大学、嘉兴市技术监督局、嘉兴市农林局等部门和单位的7位专家参加会议，该标准由浙江省质量技术监督局于1999年11月28日发布，1999年12月8日实施。标准编号：DB33/T 252—1999。

2.起草海盐县地方标准《无核白鸡心葡萄》

2002年，起草海盐县地方标准《无核白鸡心葡萄》。由海盐县质量技术监督局、海盐县农业经济局组织召开的海盐县农业标准无核白鸡心葡萄审定会，于2002年7月21日在

海盐县召开。来自浙江省农业厅经济作物局、浙江大学、浙江省农业科学院、嘉兴市农业经济局、嘉兴市质量技术监督局、海盐县农业经济局、海盐县质量技术监督局等部门和单位的10位专家参加会议，该标准由海盐县质量技术监督局于2002年7月21日发布，2002年8月1日实施。编号标准：DB330424/T 11.1—2002。

3.起草《绿色食品 海盐葡萄生产操作规范》

2021年，起草浙江省绿色农产品协会团体标准《绿色食品 海盐葡萄生产技术规范》，由浙江省绿色农产品协会发布，2021年12月13日发布，2021年12月20日实施，编号T/ZLX 024—2021。

《绿色食品 海盐葡萄生产操作规范》主要包括：建园（产地环境、园址选择、规划布局、设施架式、配套设施），定植（品种、苗木、开沟定植、厚施基肥、定植时间、

定植密度、定植方法），整形修剪（幼龄树、成年树），花果管理（控产提质、花序管理、果穗管理），土肥水管理（土壤管理、肥料管理、水分管理、环境调控），综合防治（防治原则、绿色防控、化学防治），采收与商品化处理（果实采收、采后分级、保鲜贮运、产品质量），包装标识（包装、标识）等。

4. 起草《绿色食品 海盐葡萄生产基地规范》

2023年，起草浙江省绿色农产品协会团体标准《绿色食品 海盐葡萄生产技术规范》，由浙江省绿色农产品协会于2023年11月2日发布，2021年12月1日实施。编号T/ZLX 071—2023。

《绿色食品 海盐葡萄生产基地规范》内容主要包括：基地要求（产地环境、规划布局、设施设备），生产管理（种植要求、产品质量、投入品使用、废弃物处理），产品准出管理（采收、上市要求、检验检测、产品品牌、标签），管理制度（上墙公示、员工管理、投入品管理、档案管理、质量可追溯制度、产品召回制度）等。

5. 起草《海盐葡萄 轻简化生产技术规范》

2023年，起草浙江省农产品质量安全学会团体标准《海盐葡萄 轻简化生产技术规范》，由浙江省农产品质量安全学会发布。

《海盐葡萄 轻简化生产技术规范》内容主要包括：品种选择、果园基础建设（园址选择、规划布局、标准大棚建设、道路系统、排水系统、生产区建设、生活区建设、整地、土壤改良），栽培管理（架式、树型、蔓叶果管理、病虫害防控），智能化管理（环境监测设备、水肥一体化设施、智能电动卷膜机、远程控制设备），果园机械等。

（五）获得荣誉

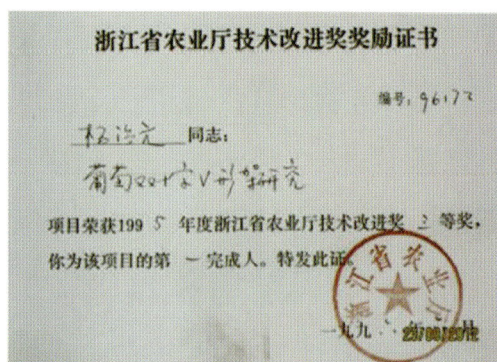

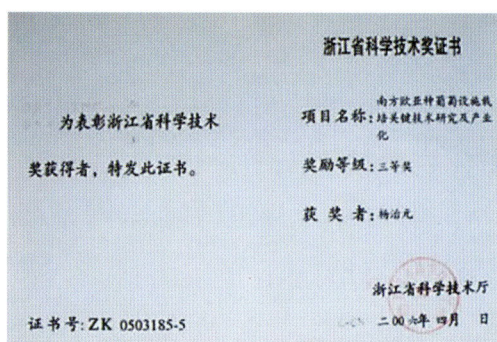

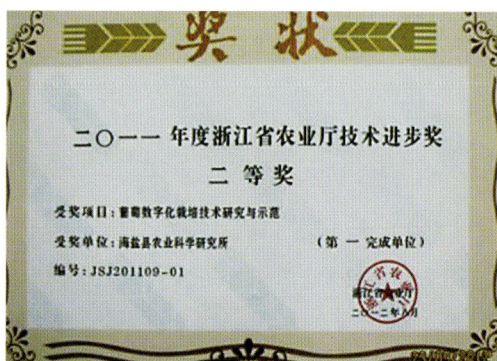

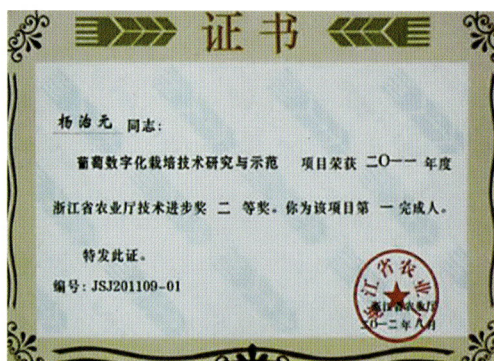

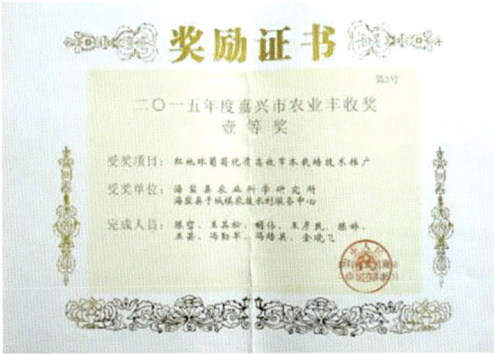

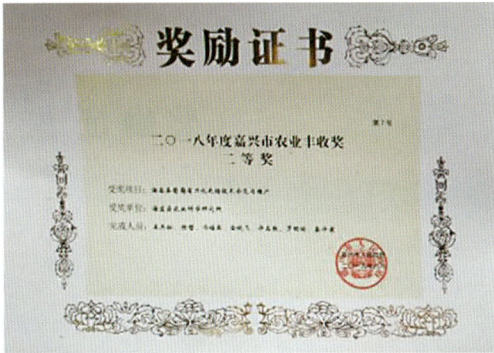

海盐葡萄获得的部分荣誉

第五章

辐射带动

　　海盐县农技人员在努力钻研技术的同时，更注重技术推广，从新品种、新技术、新模式、新机具的引进、试验到针对生产中遇到的实际问题寻找解决办法、一一验证，再通过举办培训班、现场会，赴浙江省内外科研院所、示范基地考察学习，做给农民看，带着农民干，打通农技推广的"最后一公里"，有力促进了研究成果的落地，提高了葡农的种植技术水平和生产效益，为促进海盐葡萄的发展提供了强劲动力。

▎一、举办培训班

1993年开始，为了推广藤稔葡萄栽培技术，县农科所举办藤稔葡萄栽培技术培训班3次，每次40多人参加，效果较好。1994年开始，每年定期举办6次培训班，分别在3月、4月、5月、6月、10月、12月的11日下午举行，培训内容主要为当季葡萄管理技术，参加人数逐渐增加，从几十人增加到几百人，最多时有600人以上。从海盐县内到海盐县外、嘉兴市外再到浙江省外，均有种植户来海盐县学习交流。随着参与的浙江省外人数越来越多，2008年开始，每年的12月7日、8日面向全国举办培训班，连续举办10年，培训内容为葡萄周年生产栽培技术。每次授课都有新内容，并根据主栽品种适时调整，针对性强，能较好解决葡萄生产中出现的问题，且都是对葡农免费培训。2013年开始，每次按照培训内容编写培训资料，免费发放，便于学员课后巩固，提升培训效果。

海盐葡萄栽培技术培训班（2007年4月14日《浙江新闻联播》节目播出）

培训班场面火爆

举办面向全国的培训班

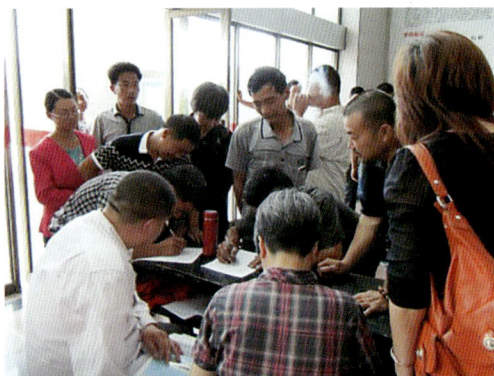

培训班上免费发放资料

在县农科所试验园进行实践学习

二、组织种植户赴外地考察学习

海盐县不仅举办县内葡萄培训班和现场会，还经常组织葡萄种植户前往县内外优质葡萄基地考察学习交流。

赴南京农业大学汤山葡萄基地考察学习

赴江苏张家港神园葡萄园考察学习

赴安徽大圩镇鲜来鲜得葡萄园考察学习

赴浙江桐乡大圣果园考察学习

在海盐葡萄发展、葡萄品种的调整与推广、栽培技术调整与新技术的推广方面，培训班起到了重要作用。2002年、2006年，嘉兴日报报道海盐葡萄培训，以《外地种植户月月来参加培训，海盐葡萄魅力为何这么大》为题和《座无虚席，鸦雀无声的葡萄培训班》为题，说明培训班影响范围广、内容实用性强。

从最初的主讲栽培技术，到后来增加果园机械、数字化栽培、产品市场、新媒体运营等内容；从最初的黑板讲台到结合PPt图文并茂，再到后来增加了教学视频，举办现场会、

交流会、座谈会及外出考察等，培训方式越来越多样化、现代化，目前培训仍在继续。

三、外地种植户来海盐县学习

海盐葡萄的先进种植模式和种植技术吸引了全国各地的葡萄种植户前来学习，形成交流互学模式。

浙江仙居种植户来海盐县交流学习

浙江永康种植户来海盐县交流学习

浙江温岭种植户来海盐县交流学习

安徽种植户来海盐县交流学习

四、海盐县农技人员赴外地授课

海盐县农技人员扎实的研究基础和创新的技术成果受到了浙江省内外葡萄种植户的好评，多次被邀请外出授课。

海盐县农技人员赴浙江省内外开展培训班

第六章
生产管理

海盐县在稳定并扩张葡萄种植规模的同时，立足当地实际，不断吐故纳新，完善栽培措施，品种从巨峰、藤稔到现在的阳光玫瑰、浪漫红颜，设施从原来的露地栽培到毛竹片小拱棚再到钢架连栋大棚，葡萄架式从最初的篱架到双十字架 V 形架，树形从"一"字形到 H 形、"王"字形等等各方面不断求变创新，从标准化建园、数字化栽培、智能化管控、机械化作业四方面为南方葡萄现代化高效生产树立了样板，提供了可复制的栽培模式。

一、标准化建园

标准化建园是建成现代化果园的基础。

（一）设施栽培

海盐县属于典型的江南水乡，且位于杭州湾畔，湿热多雨。海盐县规模化种植葡萄之初，均采用露地栽培，导致病害常发生，产量低、收益少。20世纪90年代开始采用毛竹片搭建避雨棚，减少病害发生，后改用钢架连栋大棚，加围膜增温促早熟，有效提高葡萄园抵御自然灾害的能力。

毛竹片小拱棚：一般长度为80米，以实际地形为准，棚跨度为2.5～2.6米，顶上用毛竹片做成拱形棚顶，顶上覆棚膜以避雨，四周围膜。

钢架连栋大棚：两跨之间有天沟连接。大棚宜建立在平缓地面，南北走向，跨度为6～8米，开间为4米，天沟处高度为3米，脊高4.5米。

毛竹片小拱棚

钢架连栋大棚

双十字V形架

（二）架式

原种植藤稔、醉金香时多采用双十字V形架，两侧结果枝斜向上生长，种植红地球、夏黑、阳光玫瑰时改变原来架式，开始推广应用平棚架或者飞鸟架。平棚架的架面遮挡可有效避免日灼，架面光合效率高，有利于平衡树势；飞鸟架的结果枝顶端自然下垂，可缓和树势，避免新梢徒长导致养分消耗，还可大大减少抹梢用工。

双十字V形架结果斜向上生长

双十字V形架结果状

飞鸟架

平棚架

（三）树形

原种植时采用密植、"一"字形树形，于毛竹片拱棚中间种植，株距1米，1亩地种植260棵左右。地下根系盘综错节，影响根系生长。

2015年县农科所培训班上，开始推广"三减半"栽培，即株数减半、肥料减半、农药减半。株数减半是实行间伐，由密植改为稀植，株距由原来1米间伐到2米，再间伐到4米，亩栽70株左右，大大降低了种植成本。

2016年后随着阳光玫瑰葡萄的发展，架式由"一"字形调整为H形，行距为6～8米，株距为2米，1亩地种植50棵左右，形成大树冠稀植栽培。稀植可以使葡萄树之间竞争减少，根系更发达，也更便于规范化管理和机械化作业。大树冠稀植栽培是提高果实品质的一个重要措施。

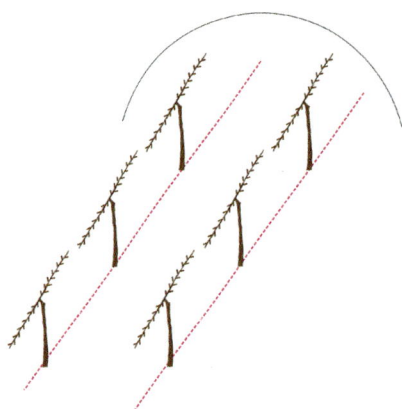

"一"字形树形

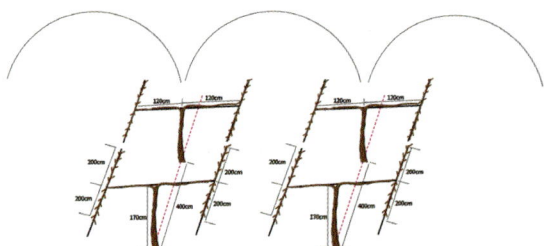

H形树形

H形大树冠

二、数字化栽培

数字化栽培是标准化生产的必要措施，蔓叶果数字化指标如下表所示。

蔓叶果数字化指标

项目	指标
梢距	20厘米
蔓数	2 500条
穗数	2 000穗
整花长度	3.5厘米
整穗长度	14厘米

标准化果穗

（一）定植密度

单位面积上的定植株数依据品种、砧木、土壤和架式等条件而定，适当稀植，不同树形和架式定植密度如下表所示。

不同树形和架式定植密度表

树形+架式	定植株距×行距	每亩定植株数	间伐后株距×行距	每亩永久株数
"一"字形+水平/飞鸟架	2米×3米	110株	4米×3米	55株
H形+水平架	2米×6米	55株	4米×6米	27株

（二）蔓叶果管理

1.小苗期主蔓培育

"一"字形两主蔓培育：幼苗主干新梢长至架面时，于架面下20厘米处摘心，促发2根副梢，沿树行方向分别向两侧引绑，培育成2条主蔓，主蔓上副梢长至3叶后摘心，以后延长副梢留2叶或1叶反复摘心至落叶，培养副梢作为第二年结果母枝。

H形四主蔓培育：幼苗主干新梢长至架面时，于架面下20厘米处摘心，促发2根副梢，沿树行垂直方向分别向两侧引绑，长至1.4米时再次摘心，沿树行方向引绑，培育成4条主蔓。

2.结果枝定梢

结果枝长至一定长度后，抹除多余枝条，留下一定数量结果枝称为定梢。开始开花前10天左右（宜早不宜晚），采取等距离定梢。梢距为两根枝条之间的距离，根据各品种特性与叶片大小确定梢距为18～20厘米，亩定梢量为2 200～2 500条。

"一"字形两主蔓

V形水平架等距离定梢

H形四主蔓

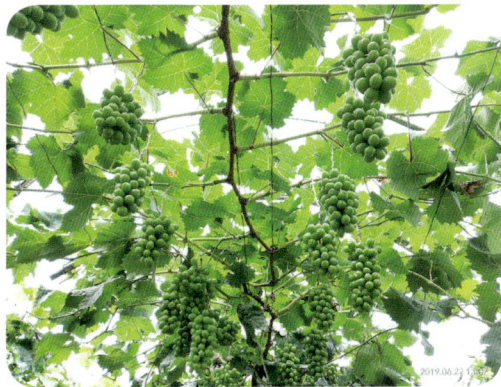

平棚架等距离定梢

3.冬季短梢修剪

冬季修剪对调节葡萄生长和结果的关系、调节树体养分的供应都有着非常大的影响。一能通过选优去劣、留下较好的芽，集中养分供应，减少不必要的营养消耗；二能更新枝组，维持树形，防止结果部位外移，防止葡萄主、侧蔓因不断延长而造成树势衰弱；三能通过去除木质化程度不高的枝蔓，在冬季遭遇低温的情况下，减少冻害损失；四能减少越冬病原菌和害虫的数量，缓解病虫害管理压力，降低生产成本。

于12月中旬采用短梢修剪，当年结果枝基部留1～2个芽，其余多余部分全部剪除。

2芽冬剪

4.疏花疏果

疏花：在开花前3天左右完成花序修整。不同品种花序的修剪长度各异，如阳光玫瑰以留3～4厘米穗尖为宜，疏除影响穗形的副穗及小穗。

定穗：坐果后，剪去坐果差、穗形差的果穗。长势弱的枝条不留穗，长势旺的枝条可留2穗，根据品种、产量、穗重等，每亩定穗量为1 800～2 000穗。

整穗：定穗之后即可整穗，按照果穗长度14厘米、宽度6厘米修剪，疏除小穗、副穗和过密分枝，整穗后保持果穗大小基本一致。

疏果：开完花10天左右，及时除去小果粒、僵果粒、病虫果粒、畸形果粒和着粒紧的内膛果粒，每穗留果55～60粒。

整花前

整花后

疏果前

疏果后

（三）绿色防控

海盐葡萄生产中始终坚持绿色发展方向，坚持农药、物理、生物、化学综合防控措施，切实控制化学农药的使用次数和用量，坚持病虫害发生关键期用药，全年用药次数控制在6次左右。坚决杜绝高毒高残留农药的使用，有选择地使用矿物源农药和生物源农药，控制病虫危害，减少生产损失，保证食品安全。

三、智能化管控

智能化管控是省力化栽培的有效手段。随着科技的不断进步，智慧农业已经成为现代农业发展的重要方向。智能化管控即通过传感器网络、物联网、大数据分析等现代科技手段，实现对农业生产全过程的智能化、精准化和高效化管理。目前多项相关技术已在海盐葡萄果园中成熟运用。

（一）数据采集与监测

在示范基地安装一定数量的监控摄像头，实现基于摄像头的可视化监控，减少人工巡查的需要。建设相应的小型气象站，利用传感器对空气温（湿）度、土壤温（湿）度、土壤pH、光照、二氧化碳量、风向风速等果园生产环境信息进行实时监测与统计。为果农提供科学的决策依据，减少对经验和直觉的依赖，提高决策效率。

数据监测显示端

（二）智能控制与管理

结合环境数据采集和自动化系统，根据葡萄生长需要自动调节温度、湿度等条件，实现对温（湿）度控制、灌溉、施肥、病虫害防控等环节的精准控制。结合环境控制和自动化系统，提高生产效率、实现稳定生产。

水肥一体化：种植园内安装喷灌、滴灌，并在整个灌溉系统中加装自动施肥系统，将肥料通过灌溉系统直接实现自动化施肥。精准的水肥管理技术也有助于减少农药和化肥的使用，减少资源浪费的同时还可以生产出更安全、更天然的农产品。

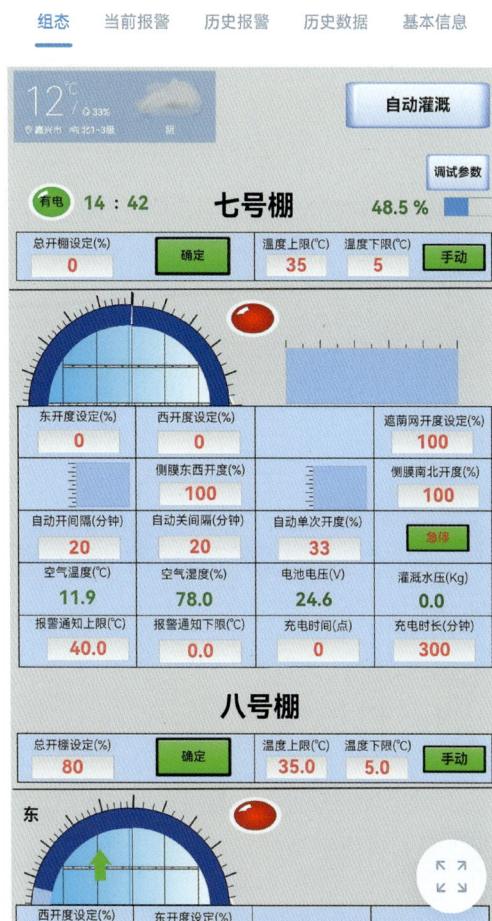

水肥一体化

手机端数据显示及控制系统

自动调温控温：安装智能电动卷膜机，实现设施大棚内自动调温控温。每个棚两边均安装电动摇膜机及卷杆构件，根据园区划分区域，每个区域都建有电动卷膜机的主控制箱，同步安装电力控制系统，实现一键控制区域，并将电线线路进行合理规划，使其能够充分覆盖到整个设施大棚中。

自动调温控温装置

（三）远程控制

在整个灌溉系统和温度调控系统中加设远程开关控制系统，并可通过手机端、电脑端对滴水管阀门和卷膜机电机等设备进行实时管理，大大减少了人工在田间的劳动强度和时间，减少人工成本，提高生产效率。

四、机械化作业

机械化作业是农业现代化的强力引擎。

随着城镇化进程的持续推

进，农用物资成本上升，大批农村青壮年劳动力转移、果园务工人员老龄化，果园用工成本上涨，导致葡萄种植成本快速增长，严重影响葡萄产业的可持续发展。降低用工量、控制生产成本已是当下迫不及待需要解决的问题。

（一）宜机化改造

道路系统：由主道、支道和田间作业道三级组成。主道与园外公路相连接，贯穿各主要管理场所，与各支道相通。主道宽度主要考虑方便果品车辆运输，宽6米以上。支道设在小区的边界，一般与主道垂直连接，宽度为4米以上，以便机械在行间转弯作业。田间作业道设在葡萄定植行间的空地，一般与支道垂直连接，宽度不小于1米，便于小型拖拉机作业和人员行走、运输物资。

排水系统：根据基地条件，在小区的作业道一侧应设排水支渠，与主干路的排水沟相连，主干路的排水沟同时与园外的总排水干渠相连。排水沟采用地下暗排，在地下埋置暗管或其他补充材料，形成地下排水系统，不占用行间土地，不影响机械操作。

（二）小型果园机械应用

坚持走农机农艺相结合之路，因地制宜积极探索葡萄种植全过程机械化技术，在葡萄种植生产中的田间耕作、施肥、除草、植物保护等主要环节实现或基本实现了机械化作业，大幅度提高了生产力水平，促进葡萄优质稳产和果农增收节支。

拖拉机运输：拖拉机是所有农业机械的牵引和动力输出装置，可以一机多用，需要有较高的机具配套比和生产适应性。葡萄园使用的拖拉机应根据葡萄园种植模式、行距、架式、操作道、限高、动力需求等因素综合考虑确定。

绑蔓机：绑蔓机使用绑带

加订书钉对葡萄枝条进行缚梢，使用的绑带要求柔软、韧性强，且属于环保型材料，可在两年内自然风化，不会造成污染。

电动枝剪：电动枝剪主要用于葡萄藤冬季修剪和间伐。应选择充电款，剪刀电池容量大、自重轻。

电动修枝剪

割草机：对葡萄园行间生草进行修剪，但不完全拔出生草，可实现果园生草栽培。

割草机

枝条粉碎机：使用枝条粉碎机将冬季修剪的枝条粉碎还田，可配合小四轮拖拉机牵引，在葡萄行间移动作业，动力强劲，生产效率高。

浸果器：背包式浸果器，由药桶、电动喷药装置、环形喷头、漏斗、药液回流装置、过滤网筛组成，主要在葡萄保果、无核、膨大处理时使用，手持重量轻，雾化效果好，药液回收可减少药品浪费。

植保机喷药：植保机是葡萄病虫害防控过程中不可缺少的机械，根据园区实际情况可使用担架式打药机、电动三轮车式打药机、履带式自动打药机等。要求作业时雾化效果达到迷雾状态，叶片背面和正面都要喷匀。一次使用结束务必清洗干净，且与除草剂的喷雾器分开使用，以免因残留药剂造成葡萄损害。

旋耕机中耕除草：可进行中耕或者追肥，完成葡萄园的翻土作业。微耕机小巧灵活、

植保机喷药

操作方便，旋耕作业深度在5～25厘米，碎土、混土能力强，还可平整地面，增加土壤间隙，有利于葡萄根系生长。

开沟机开沟：葡萄生产中需要开施肥沟、定植沟，开沟机可根据农艺要求开挖不同宽度和深度的施肥沟、定植沟。

机具深翻：冬季施基肥时要求全园深翻，深度40～60厘米左右，距离植株50厘米，逐年扩大，使根系向外延伸。

设备运输：使用小型的电动平板车进行葡萄及其他物资的运输。

开沟机开沟

果园运输车

果园升降车

第七章

品质特色

品质是一切水果的灵魂，优良的品质是海盐葡萄打造品牌形象、在激烈的市场竞争中逐步脱颖而出的基础。海盐葡萄始终坚持匠心精神，用标准化指导全产业链生产，全过程严把食品安全质量关。海盐葡萄优良的品质主要包括以下两方面：一是绿色安全，我们坚持把安全放在第一位，保障消费者的食品安全；二是外观及口感品质优良，海盐葡萄果型美观、颗粒均匀，口感甜而不腻，果面光洁度好、果实耐贮性好等。

一、绿色安全

多年来，海盐县按照浙江省委、省政府和全省农业农村系统工作会议的总体部署，进一步践行绿色发展理念，落实乡村振兴战略，以海盐葡萄精品绿色农产品基地建设为抓手，以科技创新、管理创新为动力，加快葡萄标准化生产，不断提升绿色优质葡萄供给能力水平，助推海盐县农业持续绿色发展。已重点落实以下几项工作：

（一）制定文件

根据《浙江省精品绿色农产品基地创建办法》（浙农专发〔2019〕41号）的要求，制定了《海盐县葡萄精品绿色农产品基地建设实施方案》《海盐县葡萄精品绿色农产品基地标准化生产示范场创建细则》等文件，引导并扶持海盐县葡萄产业走精品、绿色发展之路。

（二）健全安全监管体系

海盐葡萄严格执行《无公害食品 鲜食葡萄》（NY 5086—2002）标准，全面构建农产品质量安全可追溯体系，坚持食用农产品承诺达标合格证制度、创建"海盐农安"App，实施葡萄全产业链安全风险管控（"一品一策"）专项，使海盐葡萄产业驶入由大到强、全面升级的"快车道"，葡萄抽检合格率超过99.5%。

对海盐葡萄采样送检

海盐葡萄安全追溯

（三）鼓励各类葡萄种植主体积极申请葡萄绿色食品认证

海盐县农业农村局相关科室组织专班人员对接申请认证主体，在申请资料撰写、抽样检测等环节全程指导，做好服务工作。截至2023年底，全县共有23个葡萄产品获得绿色食品认证。

部分绿色食品证书

（四）开展环境质量检测

为全面了解海盐县域内葡萄种植区的环境质量，按照绿色食品的生产要求，邀请浙江省地质矿产研究所，开展全县范围内的系统性环境质量检测，包括海盐葡萄种植区内土壤和灌溉水中营养物质和有害物质的取样检测。检测结果表明，海盐县拥有优质的土壤和水资源环境，区域环境空气质量良好；土壤中富含珍贵的硒元素，钙含量处于较高水平；此外，海盐葡萄历来有使用有机肥的传统，土壤中有机质含量丰富。这些都造就了海盐葡萄的独有风味，使其有别于周边其他地区。

（五）开展海盐葡萄质量安全指导

对常见农药残留加以检测，并进行风险评估，提供管控建议；跟踪评估葡萄中农药混合使用的风险，对高频检出的农药组合进行田间试验和联合效应试验，提出葡萄农药混合使用的药物负面清单。

（六）加大推广农药化肥"双减"力度，保护葡萄生产生态环境

海盐县全面推广安全用药，推行生物有机肥使用，积极推广应用生物防控、物理防控等病虫害防控技术措施。

放置杀虫灯

释放捕食螨

悬挂色板

二、品质优良

在浙江省和嘉兴市专家领导的大力帮助和精心引导下，海盐葡萄于2020年8月顺利通过省级品鉴。专家给出的评价是：海盐葡萄采用设施化栽培，应用避雨、套袋等物理、生物防控技术，大量使用有机肥，不仅安全性得到有效保障，而且产品质量上更胜一筹。感官品质特征：晶莹剔透，色、香、味俱佳；外观：果粒均匀，串形美观；口味：汁多味鲜，口感清香；营养：维生素、氨基酸含量高。

（一）品种培优

好品种是获得好品质的基础。多年来，海盐县不断优化葡萄品种，形成了以阳光玫瑰为主、多品种搭配种植的葡萄产业，海盐葡萄粒大、果粉好、色正、味香甜、成熟早。果穗有型且完整，充分成熟果粒≥98%，缺陷果≤5%，具有本品种应有的色泽和固有的风味。目前，海盐县葡萄主栽品种有：

1. 阳光玫瑰

果穗圆柱形，穗重750克左右；果粒椭圆形，单粒重14克左右；果皮黄绿色；果肉细腻脆爽，味甜、有玫瑰香味。

2. 夏黑

果穗圆锥形，穗重420克左右；果粒近圆形，着生紧密或极紧密，单粒重3.5～7.5克；果皮紫黑色或蓝黑色，果粉厚，皮脆而厚，无涩味；果肉硬脆，无肉囊，味浓甜，具草莓香味。

3. 天工墨玉

果穗为圆柱形或圆锥形，穗重600克左右，果粒近圆形，单粒重8～10克，果皮蓝黑色，果肉爽脆，味浓甜，带清爽的草莓香味。

阳光玫瑰　　　　　　夏黑　　　　　　天工墨玉

4. 巨峰

果穗圆形或椭圆形，穗重400 ~ 600克；果粒近圆形，单粒重10 ~ 14克；果皮紫黑色，皮、肉和种子易分离，果粉厚；果肉软多汁，口感甜酸可口，有草莓香味。

5. 浪漫红颜

果穗圆柱形，穗重700克左右；果粒椭圆形，单粒重18克左右；果皮红色艳丽；果肉柔软有弹性，汁多味甜。

6. 妮娜皇后

果穗圆柱形或圆锥形，穗重580克左右；果粒近圆形，单粒重15 ~ 17克；果皮颜色鲜红、皮厚；果肉细腻，口感浓甜，兼具草莓味和奶香味。

妮娜皇后

浪漫红颜

巨峰

7.醉金香

果穗圆柱形或圆锥形，穗重800克左右；果粒倒卵圆形，单粒重10克左右；果皮黄绿色；果软汁多、茉莉香味浓郁。

8.红地球

果穗长圆锥形，平均穗重650克。果粒近圆形或卵圆形，单粒重约9克；果皮红色或紫红色，薄、韧；果肉硬脆，汁多，味甜，无香味。

9.藤稔

果穗圆柱形或圆锥形，穗重500～1 000克；果粒短椭圆形或圆形，特大，单粒重22～30克，最大35克左右；果皮紫红或紫黑色，中等厚，有涩味；果肉中等脆，有肉囊，汁中等多，味酸甜。

醉金香　　　　　　　　红地球　　　　　　　　藤稔

（二）标准引领

海盐葡萄突出品质提升，其能够保持优良品质得益于标准化栽培的引领。海盐葡萄建立了从生产到上市的全流程标准化体系，制定省级团体标准。同时，创新推出了海盐葡萄（阳光玫瑰"518"）标准化栽培标准，并在30家基地全面推广。

制定了《绿色食品 海盐葡萄生产技术规范》(T/ZLX 024—2021)，该标准已通过浙江省绿色农产品协会团体标准评审并于2021年12月13日正式发布，规范了海盐葡萄的品种、建园、苗木、定植、栽培管理、综合防治、采收分级、包装标识、保鲜贮运、投入品管理、记录档案和产品追溯等技术内容。标准的制定立足基地，辐射海盐全县，提升了海盐葡萄的整体质量安全水平。

《绿色食品 海盐葡萄生产技术规范》

制定了《绿色食品海盐葡萄生产基地建设规范》(T/ZLX 071—2023)，规定了生产基地建设的基地要求、生产管理、产品准出管理等制度。

制定了《海盐葡萄轻简化生产技术规范》(T/ZNZ 245—2024)，该规范涵盖了海盐葡萄轻简化生产技术的品种选择、果园基础建设、栽培管理、产品采收、包装与贮运、记录与追溯等技术要求。

《绿色食品海盐葡萄生产基地建设规范》

《海盐葡萄轻简化生产技术规范》

海盐葡萄（阳光玫瑰"518"）标准化栽培标准：

1.上市时可溶性固形物含量18%；

2.单颗葡萄18克；

3.单穗葡萄1.8斤[*]；

4.单穗葡萄长18厘米；

5.平均亩产量1 800千克。

---

*1斤=500克。——编者注。

海盐葡萄（阳光玫瑰"518"）标准化栽培模式图

海盐葡萄（阳光玫瑰"518"）标准化栽培模式图

三、营养丰富

海盐葡萄内在品质好，营养价值高，果肉酸甜可口，无籽栽培，果肉可溶性固形物含量≥11％。2023年8月，据全国名特优新农产品营养品质评价鉴定机构对海盐葡萄的抽样检测结果显示，海盐葡萄"维生素C、α-维生素E、可溶性固形物等品质指标均优于同类产品"。

全国名特优新农产品证书

全国名特优新农产品营养品质评价鉴定报告

葡萄具体营养成分价值如下表所示：

每100克葡萄的营养价值（均值）

项目	数值	项目	数值
热量	180.03 焦耳	脂肪	0.20 克
蛋白质	0.50 克	碳水化合物	9.90 克
膳食纤维	0.40 克	维生素 B_1	0.04 毫克
钙	5.00 毫克	维生素 B_2	0.02 毫克
镁	8.00 毫克	烟酸	0.20 毫克
铁	0.40 毫克	维生素 C	25.00 毫克
锰	0.06 毫克	维生素 E	0.70 毫克
锌	0.18 毫克	维生素 A	8.00 微克
磷	13.00 毫克	铜	0.09 毫克
钠	1.30 毫克	钾	104.00 毫克
胆固醇	0.00	硒	0.20 微克
胡萝卜素	0.30 微克	视黄醇	88.70 微克

葡萄汁被科学家誉为"植物奶"。葡萄含糖量高，成熟的葡萄中含糖量高达10%～30%，主要以葡萄糖为主。此外，还含有人体所需的十多种氨基酸和多种果酸。

葡萄中的果酸可以帮助消化食物，减轻胃肠负担、健脾养胃。其中富含的花青素和维生素C具有很强的抗氧化作用，可清除体内多余的自由基，起到抗衰老、美容养颜的功效。研究发现，葡萄有助于减少血栓的形成，同时对预防心脑血管疾病有一定作用。每天食用适量的鲜葡萄，还特别有益于缺血性心脏病和冠状动脉粥样硬化性心脏病患者的健康。鲜葡萄中的黄酮类物质，能"清洗"血液，防止胆固醇斑块的形成。葡萄越呈黑色，含黄酮类物质越多，若将葡萄皮和葡萄籽一起食用，对心脏的保护作用更佳。

食用注意：不能空腹吃葡萄，否则很容易引起胃酸分泌，导致胃肠道不适。最好在饭后吃葡萄，且不可一次性食用过多。

四、奖项丰硕

多年来，海盐县葡萄种植主体积极参加全国及省、市级精品水果评比大赛，并取得优异参赛成绩，这充分证明了海盐葡萄品质之高。海盐葡萄自2005—2024年累计荣获：

国家级金奖8项、银奖1项、优质奖2项；省级金奖15项、银奖/二等奖4项、省级十佳葡萄2项、最受市民喜爱的绿色食品1项；市级金奖37项。

海盐葡萄2005—2023年荣获奖项（部分）

年份	评比活动	获奖主体/品种	奖项
2005	浙江省精品水果	县农科所美人指	金奖
2006	浙江省精品水果	八字红地球	金奖
2010	全国优质鲜食葡萄评比	县农科所大紫王	金奖
2012	全国优质鲜食葡萄评比	万奥葡萄	金奖
2012	浙江省精品葡萄评比	纯元夏黑	银奖
2012	嘉兴精品水果展销会	金斗笠葡萄	金奖
2012	嘉兴精品水果展销会	纯元葡萄	金奖
2013	浙江省精品葡萄评比	金斗笠夏黑	银奖
2013	嘉兴精品果蔬展销会	金斗笠夏黑	金奖

(续)

年份	评比活动	获奖主体／品种	奖项
2013	嘉兴精品果蔬展销会	纯元葡萄	金奖
2014	浙江省精品葡萄评比	金斗笠夏黑	金奖
2014	浙江省精品葡萄评比	纯元早夏无核	银奖
2014	浙江精品果蔬展销会	金斗笠葡萄	金奖
2014	浙江农业吉尼斯葡萄擂台赛	纯元葡萄	二等奖
2014	浙江农业博览会优质产品	金斗笠葡萄	金奖
2014	嘉兴精品果蔬展销会	金斗笠葡萄	金奖
2014	嘉兴精品果蔬展销会	海盐县葡萄产业协会	金奖
2014	嘉兴精品果蔬展销会	八字醉金香	金奖
2014	嘉兴精品果蔬展销会	纯元葡萄	金奖
2015	浙江省精品葡萄评比	金斗笠夏黑	金奖
2015	浙江精品果蔬展销会	海盐县葡萄产业协会	金奖
2015	嘉兴精品果蔬展销会	金斗笠葡萄	金奖
2015	嘉兴精品果蔬展销会	纯元葡萄	金奖
2015	嘉兴市农产品展销会优质产品奖	金斗笠葡萄	金奖
2016	浙江省精品葡萄评比	金斗笠葡萄	金奖
2016	嘉兴精品果蔬展销会	八字葡萄	金奖
2016	嘉兴精品果蔬展销会	金斗笠葡萄	金奖
2016	嘉兴精品果蔬展销会	海盐县葡萄产业协会	金奖
2016	嘉兴市农产品展销会优质产品奖	金斗笠葡萄	金奖
2017	全国葡萄学术研讨会优质鲜食葡萄评比	金斗笠夏黑	金奖
2017	浙江省十佳葡萄推选会	金斗笠夏黑	十佳葡萄
2017	嘉兴精品果蔬展销会	金斗笠葡萄	金奖
2017	嘉兴市农产品展销会优质产品奖	金斗笠葡萄	金奖
2017	嘉兴精品果蔬展销会	海盐县葡萄产业协会	金奖
2018	全国葡萄学术研讨会优质鲜食葡萄评比	嘉海农场阳光玫瑰	金奖
2018	全国葡萄学术研讨会优质鲜食葡萄评比	利良农场阳光玫瑰	金奖
2018	全国葡萄学术研讨会优质鲜食葡萄评比	金斗笠夏黑	金奖
2018	浙江精品果蔬展销会	金斗笠葡萄	金奖
2018	浙江农业博览会优质产品	嘉海农场葡萄	金奖
2018	嘉兴精品果蔬展销会	海盐县嘉海农场	金奖
2018	嘉兴精品果蔬展销会	金斗笠葡萄	金奖
2018	嘉兴市农产品展销会优质产品奖	金斗笠葡萄	金奖
2019	中国葡萄产业科技年会鲜食葡萄评比	金斗笠天工墨玉	银奖
2019	嘉兴市农产品展销会优质产品奖	金斗笠葡萄	金奖
2019	嘉兴葡萄擂台赛	金斗笠葡萄	金奖
2019	嘉兴葡萄擂台赛	纯元葡萄专业合作社	金奖

（续）

年份	评比活动	获奖主体／品种	奖项
2020	嘉兴葡萄擂台赛	利良农场阳光玫瑰	金奖
2020	嘉兴葡萄擂台赛	惠众农场夏黑	金奖
2020	嘉兴市农产品展销会优质产品奖	海盐县嘉海农场	金奖
2020	嘉兴市农产品展销会优质产品奖	金斗笠葡萄	金奖
2020	浙江省十佳葡萄推选会	惠众农场阳光玫瑰	十佳葡萄
2020	嘉兴市精品葡萄评比	惠众农场夏黑	金奖
2021	浙江网上农博会优质产品	金斗笠葡萄	金奖
2021	嘉兴葡萄擂台赛	纯元浪漫红颜	金奖
2021	嘉兴葡萄擂台赛	胜利农场阳光玫瑰	金奖
2021	嘉兴市精品葡萄评比	纯元浪漫红颜	金奖
2022	嘉兴葡萄擂台赛	海盐县八字葡萄专业合作社	金奖
2022	嘉兴葡萄擂台赛	海盐县佳佳乐农场	金奖
2023	浙江省精品葡萄评比	海盐县惠众农场	金奖
2023	浙江省精品葡萄评比	海盐县武原佳佳乐农场	金奖
2023	浙江省精品葡萄评比	海盐县八字葡萄专业合作社	金奖
2023	嘉兴葡萄擂台赛	海盐县佳佳乐农场	金奖
2023	嘉兴葡萄擂台赛	海盐县丰湾家庭农场	金奖
2023	浙江农业博览会优质产品	海盐县金斗笠农场	金奖
2023	浙江"名优土"特产展示展销	海盐县武原佳佳乐农场	最受市民喜爱的绿色食品
2024	全国优质鲜食葡萄评比	纯元浪漫红颜	金奖
2024	全国优质鲜食葡萄评比	嘉海农场美人指	金奖
2024	嘉兴葡萄擂台赛	佳佳乐农场阳光玫瑰	金奖

部分荣誉证书

海盐葡萄
HAIYAN GRAPES

浙江·海盐

第八章
品牌建设

　　历经近40年的规模化发展，海盐葡萄以"外观颗粒均匀、串型美观、晶莹剔透，细品汁多味鲜，果肉细腻，色香味俱佳"深记于消费者心中。为弘扬海盐葡萄长期的文化积淀、技术积淀以及产业集聚等优势，在海盐县委、县政府的引导下，由海盐县农业农村局牵头，实施"海盐葡萄"品牌振兴行动并取得了一系列成果。

一、品牌树立

1.成功申报登记海盐葡萄为国家地理标志农产品

2020年，海盐县农业技术推广中心向农业农村部申报海盐葡萄为国家地理标志农产品。海盐葡萄以优良的品质、独特的江南风味、数字化的先进管理模式以及深厚的人文底蕴，赢得了专家一致认可，顺利通过评审。2020年12月，农业农村部向海盐葡萄颁发了农产品地理标志登记证书。这标志着海盐葡萄正式进入了国家地理标志农产品行列，为海盐葡萄产业持续强劲发展打下坚实基础。

海盐葡萄农产品地理标志登记证书

2.注册海盐葡萄国家地理标志证明商标

2023年，海盐县农业技术推广中心向国家市场监督管理总局申报了"海盐葡萄"地理标志证明商标。在海盐县政府的关心支持下，经过各部门的共同努力，"海盐葡萄"商标于2024年5月注册成功。同年国家市场监督管理总局公告"海盐葡萄"为国家地理标志保护产品。

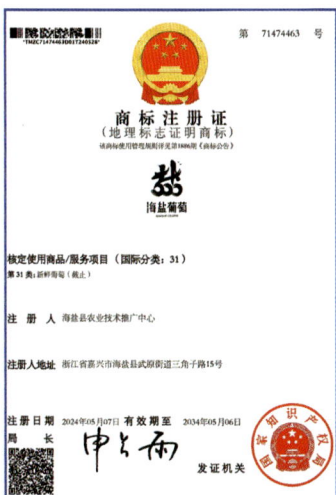

商标注册证

海盐葡萄logo

二、品牌设计

采用"海盐葡萄+主体品牌"的母子品牌模式，政府宣传和企业宣传形成合力，聚焦人气、加快品牌推广。对"海盐葡萄"进行全面的品牌形象设计，海盐葡萄logo、IP形象葡甜甜和萄乐乐及5款专用包装箱发布，打造全新的"海盐葡萄"地标形象。

1.海盐葡萄logo

海盐葡萄logo以海盐县的"盐"字为整体造型，标志上半部分以海盐县拼音首字母"H"为基础变形设计，代表活力、进取，上半部分右侧形似杭州湾跨海大桥，代表了海盐县为长三角地区的重要枢纽，突出其鲜明的地域文化；下半部分将翻卷的海浪与饱满的葡萄颗粒相结合，在表达产品的同时兼顾其靠海的地理特征，具有唯一性、独特性；设计字体风采飘然、清秀劲逸，以突出海盐县葡萄近800年的悠久历史；整体颜色采用"海滨蓝"与"生态绿"相结合，"海滨蓝"代表海盐县、海浪，突出海盐县的地域特色，"生态绿"代表海盐葡萄的绿色、优质、安全，亦象征着海盐葡萄产业蓬勃发展的朝气和生命力。

整个标志寓意深刻、创意新颖、构图简洁,富有艺术感染力与视觉冲击力,展现出海盐葡萄产业发展的前瞻性及生命力,寓意其广阔的发展前景与无限美好未来。

2.IP形象

IP角色设定

中文名:葡甜甜

性别:女

出生地:浙江省海盐县

性格:果敢、豪爽

宣言:淘气小活泼、甜蜜惹人爱

IP角色设定

中文名:萄乐乐

性别:男

出生地:浙江省海盐县

性格:热情、阳光

宣言:你最爱的阳光小宝贝

3.阳光玫瑰礼盒——奢香公主

好的阳光玫瑰不止于甜,更是自带一股迷人的玫瑰香味。海盐葡萄种植基地严格按照阳光玫瑰"518"标准执行,致力于把香、脆、甜的好阳光玫瑰带给广大消费者。结合海盐葡萄近800年的种植历史，我们将品牌命名为奢香公主。

包装设计根据奢香公主品牌名，手绘一位宋朝公主形象，站于葡萄藤下手捧一串阳光玫瑰，整个人散发高贵典雅的气质，与阳光玫瑰产品相得益彰。广告语"一藤葡香越千年"，精练地表达出海盐葡萄近千年的种植历史与传承。

阳光玫瑰葡萄特级果包装礼盒

阳光玫瑰一级果包装礼盒（天地盖）

阳光玫瑰普通果包装礼盒（开口箱）

4.海盐葡萄其他礼盒

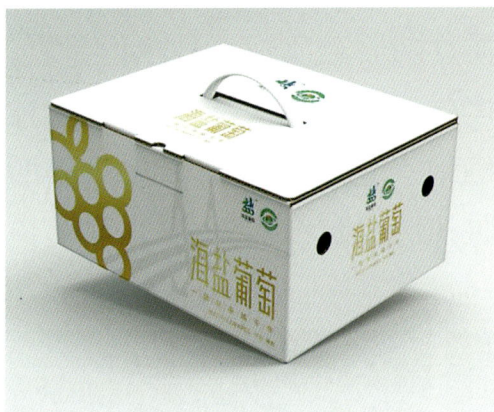

海盐葡萄通用包装礼盒（所有品种均可使用）

海盐葡萄快递包装礼盒

三、品牌宣传

多年来，海盐县十分重视海盐葡萄的品牌宣传推广工作，积极举办、参加浙江省内外推广活动，争取中央、地方媒体及网络新媒体报道海盐葡萄的特色及产业发展的优势。

（一）节庆活动

1.首届海盐县·武原葡萄文化节

2007年7月20日至8月5日，武原镇举办了首届海盐县·武原葡萄文化节。这是武原镇第一次举办农业类文化节，也是海盐县第一次举办规模较大的农业类文化节，受到了海盐县委、县政府领导和全县人民的高度关注。此次活动的主题是"新农村 新武原 新体验"。

首届海盐县·武原葡萄文化节含开幕式、"纯元"葡萄销售恳谈会、文艺晚会、画葡萄采风和葡萄摄影比赛、沪浙家庭采葡萄和品葡萄亲子游、"纯元"葡萄发展研讨会、葡萄擂台赛和闭幕式等多个环节。时任浙江省人大农业和资源环境保护委员会主任赵宗英、浙江省农业厅副厅长朱志泉、嘉兴市人民政府副市长陈越强、中共海盐县委书记梁群等领导出席开幕式。该文化节将农、文、旅相结合，促进了武原镇乃至海盐县葡萄产业的快速发展。

在首届海盐县·武原葡萄文化节上举办的葡萄擂台赛上，获奖的一串"紫地球"拍卖出10 800元高价，所得款项全部捐献给海盐县慈善总会。

首届海盐县·武原葡萄文化节

2. 第二届海盐县·武原葡萄文化节

2010年7月28日，第二届海盐县·武原葡萄文化节开幕，该届文化节的主题是"品纯元葡萄 赏武原美景"。时任浙江省农业厅产业处处长徐建华、浙江省农业厅经济作物管理局长毛祖法，时任嘉兴市农业经济局副局长赵如英，西北农林科技大学领导，时任海盐县委副书记姚沈良，时任海盐县委常委、宣传部部长田林华，时任海盐县委常委黄江莺，时任海盐县副县长陈千颂等领导出席开幕式，并参观了武原镇葡萄种植基地。

在开幕式上，西北农林科技大学园艺学院海盐惠尔斯葡萄研究所成立。该研究所由海盐惠尔斯食品有限公司与西北农林科技大学园艺学院合作共建，旨在通过建立试验示范基地、引进筛选新品种、研究推广生态高效生产技术，为武原镇葡萄产业的提升提供强有力的科技支撑。

该次文化节活动内容丰富、参与性强，包括葡萄擂台赛、产销对接会、葡萄学术研讨会、葡萄采摘游等。

第二届海盐县·武原葡萄文化节

3.第三届海盐县·武原葡萄文化节

第三届海盐县·武原葡萄文化节于2013年7月17日开幕，主题为"美丽乡村 魅力武原"，活动持续10天，包括摄影比赛、少儿画葡萄、葡萄采摘游、葡萄擂台赛、葡萄学术研讨会及文艺晚会等精彩内容。在学术研讨会上，南京农业大学园艺学院教授、国家葡萄产业技术体系岗位科学家、中国农学会葡萄分会原副秘书长、江苏省优良品种培育工程葡萄协作组首席专家陶建敏作了关于阳光玫瑰的主旨报告，海盐县果农对阳光玫瑰这个葡萄新品种有了更深刻的了解，开始试种阳光玫瑰。

4.2015海盐县首届精品葡萄擂台赛

为推动海盐县葡萄品质提升和品牌建设，2015年7月31日，海盐县农业经济局举办了2015海盐县首届精品葡萄擂台赛，共有78个样品参赛，主要为红地球、醉金香等品种，最终评选出10个金奖。

2015海盐县首届精品葡萄擂台赛

5.2017年浙江省十佳葡萄推选会

2017年7月25日，2017年浙江省十佳葡萄推选会在海盐县举办，全省69家葡萄种植单位参加推选活动，共选送84个葡萄样品来海盐县参会，选送的样品包括夏黑、醉金香等7个大品种和含香蜜、金手指等8个小品种。

在专家评审期间，海盐县还举办了葡萄技术专题讲座，海盐县知名葡萄专家杨治元为各个参赛主体讲解当前的产销形势，重点推广阳光玫瑰及现代果园管理中智能化温度控制设备。为了加强各地葡萄栽培单位之间的相互交流，使与会人员对海盐县葡萄栽培技术有更直观的了解，海盐县特意安排了参赛单位实地参观考察县农科所葡萄试验园、海盐县惠众农场和海盐县利良家庭农场三个葡萄种植基地。大家纷纷表示，海盐葡萄的科研氛围及栽培技术确实让人耳目一新。

杨治元在2017年浙江省十佳葡萄推选会上作专题讲座

2017年浙江省十佳葡萄推选会评选现场

参赛单位实地参观考察

6. 2021嘉兴市葡萄产销洽谈会暨"嘉兴葡萄""海盐葡萄"地理标志发布仪式

2021年8月27日，2021嘉兴市葡萄产销洽谈会暨"嘉兴葡萄""海盐葡萄"地理标志发布仪式在海盐县举办。会上，"嘉兴葡萄"和"海盐葡萄"两个地理标志正式发布。主办方还分别举办了嘉兴葡萄、海盐葡萄擂台赛，阳光玫瑰、浪漫红颜、妮娜皇后等国内知名葡萄品种一一亮相，展示了嘉兴地区葡萄种植的强大实力。专家们从葡萄的色泽、外观、串形、口感及糖度等方面，对每一份葡萄样本进行了评分，最终，海盐县纯元葡萄专业合作社选送的浪漫红颜和海盐县胜利农场选送的阳光玫瑰获得了金奖。

海盐葡萄农产品地理标志发布

海盐葡萄农产品地理标志授牌仪式

嘉兴葡萄擂台赛金奖颁发合影

7. 2022年海盐葡萄文化节暨于城葡萄采摘节

2022年8月26日举办2022年海盐葡萄文化节暨于城葡萄采摘节，活动发布了海盐葡萄的新形象，还同邮政进行了惠农签约，EMS极速鲜将以优惠价格为海盐生鲜农产品提供寄递服务。嘉兴市山东商会和海盐县于城镇八字村开展合作，将以商会优势助力海盐葡萄实现可持续、跨越式发展。现场还举行了海盐葡萄特约经销商授牌、海盐葡萄摄影作品展及颁奖等一系列活动。

海盐县八字葡萄专业合作社的两串金奖葡萄在现场拍卖，经过多方叫价，最终由海盐兴原服饰有限公司（以下简称兴原服饰）以13 800元的高价买入，拍卖资金将用于帮扶八字村的低收入农户。兴原服饰于2011年搬入于城镇八字村，见证了该村葡萄产业的快速发展。"每年，公司都会采购八字村葡萄用作员工福利，无论是外观还是甜度都非常好。我们也希望，接下来，继续与八字村葡萄产业共进共荣，共创辉煌！"兴原服饰行政部经理吴志良说。

海盐葡萄新形象亮相

海盐兴原服饰有限公司高价买入两串金奖葡萄

海盐葡萄特约经销商授牌

8. 2023海盐葡萄文化旅游推介会

为进一步打响"海盐葡萄"品牌，推动"农业+文旅"融合发展，助力产业兴旺、乡村振兴，2023年8月9日，海盐葡萄文化旅游推介会顺利举办。中国绿色食品发展中心副主任杨培生、浙江省农业农村厅副厅长唐冬寿、海盐县委副书记张华良、副县长胡飞等领导参会。

海盐县农业农村局党委书记、局长夏梅娣围绕海盐葡萄的品种、品质做了深入阐述，并详细介绍了海盐葡萄的生产栽培条件、绿色优质安全、产业提质增效和品牌建设等方面情况。

会上，浙江省农产品绿色发展中心主任郑永利表示，海盐葡萄产业之所以发展得这么好，关键是牢牢抓住了高标准基础设施建设、高水平种植技术标准、高价值品牌打造三个关键要素，持续推进"一标一品一产业"（农产品地理标志、绿色食品、区域特色产业）融合发展，大力推动葡萄基地标准化生产和品牌化经营，实现了品牌与产业的深度融合，为浙江省树立了标杆、创造了经验，值得大家学习借鉴。

2023海盐葡萄文化旅游推介会

9. 2023浙江省"一标一品一产业"融合发展现场推进会

2023浙江省"一标一品一产业"融合发展现场推进会在海盐县召开，中国绿色食品发展中心副主任杨培生，浙江省农业农村厅副厅长唐冬寿出席并讲话，海盐县委副书记、县长顾秋莉，海盐县副县长胡飞，浙江省各有关市、部分县（市、区）农业农村局负责人、"一标一品"工作机构负责人等参会。

会前组织考察了海盐县绿色食品生产主体——海盐县武原佳佳乐农场和海盐县胜利农场电商直播间。

经验稿《海盐县葡萄"一标一品一产业"融合发展 引领"地标共富"新打法》获唐冬寿批示，并成为农业农村部全国农产品"三品一标"典型案例之一，该案例展示了海盐葡萄绿色化、标准化、品牌化建设的成果，极大提升了海盐县"一标一品一产业"的影响力和品牌知名度。

2023浙江省"一标一品一产业"融合发展现场推进会

海盐县绿色食品生产主体考察现场图

10. 2023年浙江省精品葡萄评比暨产业高质量发展论坛

2023年8月22日至23日，浙江省精品葡萄评比暨产业高质量发展论坛在海盐县召开，浙江省农技推广中心副主任厉宝仙出席活动。会上共有10个浙江省精品葡萄评比金奖获得者、20个浙江省精品葡萄评比优质奖获得者、5个嘉兴葡萄擂台赛金奖获得者、10个嘉兴葡萄擂台赛优质奖获得者脱颖而出。

2023年浙江省精品葡萄评比金奖获奖名单

获奖单位	获奖品种
浦江县曹香葡萄专业合作社	巨峰
宁波市鄞州姜山金升葡萄种植家庭农场	鄞红
长兴李家巷晶津家庭农场	美人指
嘉兴未谷生态农业开发有限公司	妮娜皇后
宁波市镇海滴翠园农场	浪漫红颜
丽水市莲都区凤鸣葡萄专业合作社	黑皇
海盐县惠众农场	阳光玫瑰
海盐县武原佳佳乐农场	阳光玫瑰
海盐县八字葡萄专业合作社	阳光玫瑰
南浔蔡海华家庭农场	阳光玫瑰

2023嘉兴葡萄擂台赛金奖获奖名单

获奖单位	获奖品种
嘉兴市秀洲区匠农葡萄专业合作社	富士之辉
海盐县武原佳佳乐农场	妮娜皇后
海盐县丰湾家庭农场	阳光玫瑰
海盐县南湖区凤桥镇清清农场	浪漫红颜
海宁市金辉果蔬有限公司	阳光玫瑰

（二）推出系列文创产品

海盐葡萄系列文创以中国美术家协会会员、海盐县美术家协会名誉主席冯鸣的画作为整体画面，与海盐钱氏传说非遗传承人、文史工作者钱张健题写的《海盐葡萄》诗一起构成主要画面，由中国作家协会会员、诗人白地进行创意设计，整体呈现海盐葡萄种植的历史悠久及海盐葡萄在大自然关怀下丰收富足、滋润圆满的美好寓意。该套文创产品，是对海盐葡萄IP形象的一次提升与深耕，是对海盐葡萄文化、主题或元素的一次情感转化。它以阳光般灿烂又不失古典优雅的色彩和极富解读性的诗词，彰显海盐葡萄在浓郁的文化土壤上生长的魅力。

杯垫

扇子

手提袋

鼠标垫

丝巾

海盐葡萄系列文创产品

（三）拍摄宣传片

海盐葡萄宣传片以海盐葡萄宣传为主线，融入海盐县独具魅力的风土人情，在突出产品特色的同时，展示海盐葡萄的文化和地域等魅力。

海盐葡萄宣传片

（四）登上央视

2023年8月9日，CCTV-17农业农村频道播出海盐葡萄宣传片。"海盐葡萄"首次登上央视，受到全国观众关注！CCTV-7也于同年8月14日播出海盐葡萄宣传片，播出时间在18：58左右，紧挨着新闻联播的黄金时段。

CCTV-17农业农村频道播出海盐葡萄宣传片

（五）在高铁上宣传海盐葡萄

海盐葡萄积极开拓新的营销渠道，以和谐号高铁列车来传播"海盐葡萄"地理标志农产品，借助高铁媒体广覆盖、强曝光、高渗透的优势，实现品牌在全国的高度渗透和转化，以中国速度助力海盐葡萄实现品牌知名度跃升。

高铁上的"海盐葡萄"宣传

（六）展示展销

为了提升"海盐葡萄"品牌知名度，向外扩大市场份额，提高消费者的知晓率和认可度，海盐县农业农村局积极组织海盐葡萄参加各类展示展销会。

参加省、市级各类农产品展示展销会

第十九届中国国际农产品交易博览会

第二十届中国国际农产品交易会

2023浙江农业博览会

主持人小强为海盐葡萄宣传

2023年7月7日，海盐葡萄亮相2023浙江名优"土特产"展示展销暨首届长三角绿色优质农产品推广周活动，现场品尝购买的消费者络绎不绝，浙江电视台著名主持人小强也来到海盐葡萄展位前，为其直播宣传。

2023长三角乡村振兴大会宣传推介"海盐葡萄"

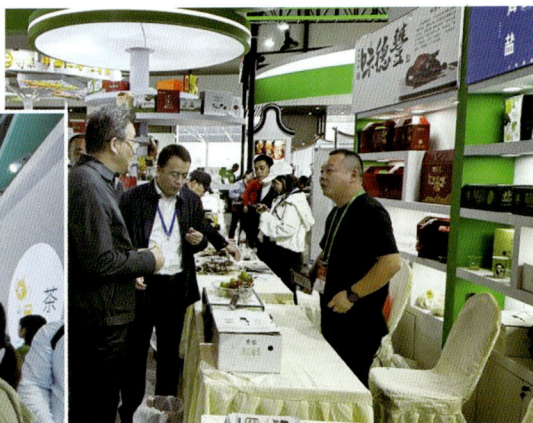

第三届国家农产品质量安全县与农产品经销企业对接活动
（浙江省农业农村厅领导莅临展位调研指导）

（七）媒体宣传

多年来，海盐县十分注重海盐葡萄品牌传播推广工作，积极争取在各级媒体及网络新媒体上广泛宣传、报道海盐葡萄产品特色及产业发展优势。经过系列推广，"海盐葡萄"地理标志农产品在全国的知名度和美誉度明显提升。

2020年8月11日，浙江新闻频道《翠花牵线》栏目推荐海盐葡萄

2020年8月14日，《嘉兴日报》刊发《海盐葡萄地理标志通过省级评审》一文

2020年9月25日，《嘉兴日报》刊发《"海盐葡萄"通过国家农产品地理标志评审》一文

2021年8月30日,《嘉兴日报》刊发《"海盐葡萄"有了地标名片》一文

2021年8月30日,《嘉兴日报》刊发《"嘉兴葡萄""海盐葡萄"地理标志发布》一文

2021年9月4日,《嘉兴日报》刊发《海盐葡萄以"亩均论英雄","种"出百万果农》一文

2022年5月20日,《嘉兴日报》刊发《海盐2.1万亩早熟葡萄陆续上市》一文

2022年6月4日，《嘉兴日报》刊发《海盐县成立葡萄产业联盟》一文

2022年6月21日，《嘉兴日报》刊发《"海盐葡萄"入选国家地理标志农产品保护工程项目》一文

2022年9月20日，《浙江日报》刊发《海盐于城镇："甜蜜产业"让百姓日子越过越红火》一文

2022年11月4日，《嘉兴日报》刊发《海盐葡萄开辟"甜蜜"发展之路》一文

2023年7月27日，《浙江日报》刊发《海盐于城：田间结满"致富果"葡萄产业有点甜》一文

2023年8月12日，《嘉兴日报》刊发《海盐"一标一品一产业"领跑全省》一文

2023年8月20日，《嘉兴日报》刊发《农创客凭"妮娜皇后"跳出葡萄"红海市场"》一文

2023年10月12日，《嘉兴日报》刊发《海盐北部特色产业示范带外延内拓效益渐显》一文

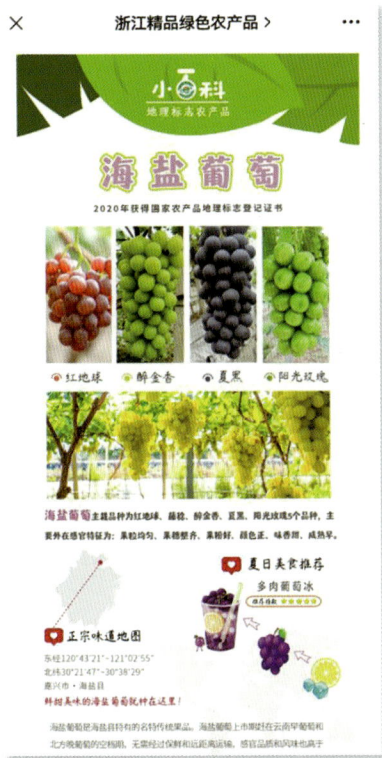

海盐葡萄在网络新媒体上作广泛宣传

第九章

人文历史

海盐葡萄种植历史悠久，南宋时期《澉水志四种》中就有葡萄种植的记载，距今已有近800年的历史。为深入挖掘海盐葡萄文化内涵，充分发挥优秀文艺作品的传播力量，打造海盐葡萄品牌，海盐县农业农村局组织积极挖掘海盐历史文化中的葡萄素材，持续举办海盐葡萄各类文化节及文艺作品征集活动等，系列活动也得到了海盐县委宣传部、县传媒中心、相关镇（街道）、县摄影家协会等多部门的大力支持。编创了展示海盐葡萄的舞蹈、快板、诗文、书画、摄影等系列作品，以艺术赋能海盐葡萄的视觉呈现，推动海盐葡萄产业发展，展现海盐葡农的聪明勤劳，彰显海盐葡萄的深厚文化底蕴。

一、历史记载

（一）《澉水志四种》

《澉水志四种》是中国历史上现存最早的一部镇志。

海盐县种植葡萄的历史最早记载于《澉水志四种》，作者为南宋的常棠。常棠，字召仲，号竹窗，其祖上世居澉浦镇已有四代。传至常棠一代，因南宋官场没落腐败，他隐居澉浦，居所前后种满竹子，以示亮节。除读书外，他亦留意当地掌故、山川、名物等地方文化，并渐生编志之意，向时任澉浦镇镇尹罗叔韶谏言："郡有《嘉禾志》，邑有《武原志》，其载澉水之事，则甚略焉。使不讨论闻见，缀辑成编，则何以示一镇之指掌？"罗氏钦佩常棠的见闻与学识，因此，鼓励他编纂一部澉浦镇志。之后，常棠专注于资料收集研究，于绍定三年（1230年）开始著书，经二十六年坚苦之功，宝祐四年

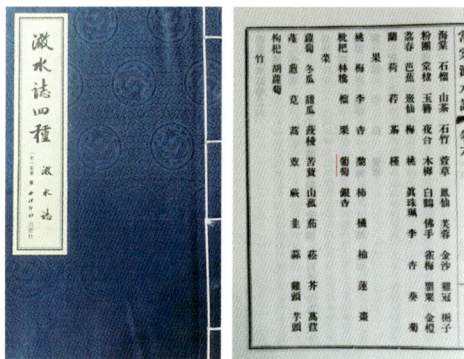

《澉水志四种》封面及部分内文

（1256年）《澉水志四种》最终成书。

（二）《海盐县图经》

《海盐县图经》第四卷风俗卷记载"果之品曰李、杏、梅、桃、枣、枇杷、樱桃、橙、葡萄、莲房、菱"。

《海盐县图经》作者为明代胡震亨。胡震亨，字孝辕，晚号遯叟，海盐人。万历丁酉中举人，官至兵部员外郎。

《海盐县图经》封面及部分内文

（三）《海盐县农业志》

《海盐县农业志》第四章瓜果章节记载着海盐县葡萄悠久的种植历史：近年引进巨峰、白香蕉等新品种。以产量高、品质好而深受群众欢迎。1985年果树苗圃栽植的第二年巨峰葡萄试产，每亩产量平均31.9千克，单果重平均10克，含糖量达11%～14%，属有推广前途的水果。成片种植的已有秦山、周家舍林业队，各5亩。

《海盐县农业志》记录了海盐县农、林、牧、副、渔、盐等生产发展变化，从1985年4月开始搜集资料，于1989年9月编撰成志，是海盐县第一部较系统记载农业经济发展史实的志稿，具有较鲜明的时代特点和地方特色。《海盐县农业志》记录时间最近可追溯到1985年，重点记载新中国成立后36年内海盐县农业的发展面貌。

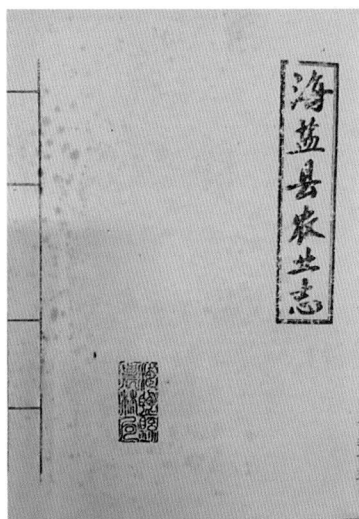

(6) 葡萄，种植历史悠久。近年引进巨峰，白香蕉等新品种。
～39～

以产量高、品质好深受群众欢迎。1985年果树苗圃栽植的第二年巨峰葡萄试产，每亩平均63·8斤，单果重平均10克，含糖量达11—14%，属有推广前途的水果。成片种植的已有秦山，周家舍林业队，各5·0亩。

《海盐县农业志》封面及部分内文

（四）《海盐县志（1986—2005）》

《海盐县志（1986—2005）》中记载：1986年，在引进巨峰、白香蕉葡萄品种后，从零星种植转向规模种植。1990年，海盐县葡萄种植面积扩大到6.3公顷，品种以巨峰为主，葡萄总产量35吨，1991年，引进藤稔葡萄品种，1993年，葡萄种植列入海盐县农业开发项目，面积扩大到63.4公顷，产量285吨，占海盐县水果总产量的6.6％。1994年开始，葡萄成为仅次于柑橘的县内第二大水果产业。1995—1999年，葡萄种植面积稳定在120公顷左右，产量逐年增加。1998年，巨峰葡萄种植面积下降，藤稔葡萄继续较快发展，成为主栽品种。同时引进无核白鸡心葡萄品种，并陆续引进红地球、矢富罗莎、奥古斯特、美人指等欧亚葡萄品种（俗称提子），葡萄种植进入多品种发展阶段。1999年，

海盐县葡萄产量2 105吨，每公顷产量16 755千克。2005年，海盐县葡萄种植面积350.20公顷，产量7 926吨，分别占海盐县水果种植总面积和总产量的28.1％和26.6％。葡萄种植主要集中在武原、于城两镇。是年，两镇葡萄种植面积294.07公顷，占海盐县面积的84％。于城镇八字村被认定为葡萄专业村。

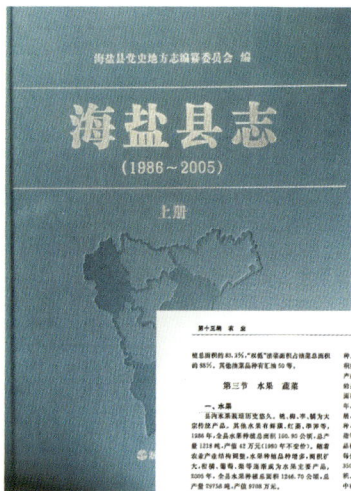

《海盐县志（1986—2005）》封面及部分内文

二、文艺作品

（一）舞蹈作品

在2007首届海盐县·武原葡萄文化节上，武原镇文化站创作编排并首演的歌舞《葡萄丰收的日子里》受到各界好评。

于城镇八字村编排的舞蹈《葡萄田里话共富》惊艳亮相，该舞蹈以海盐葡萄产业发展为背景，翩翩舞姿与海盐葡萄视频相融，仿佛诉说着海盐葡萄的百年历史。

舞蹈《葡萄丰收的日子里》

舞蹈《葡萄田里话共富》

（二）快板

葡萄丰收的日子里

歌声：（唱）

满园的葡萄甜又甜，

摘一串葡萄请尝鲜，

汗水浇灌丰收果，

硕果丰收在今天。

群：（数）清清的风儿蓝蓝天，

大地葱郁展新田，

葡萄丰收歌声起，

捷报纷飞喜相连。

甲：（数）看，大路边，田埂上，

一行人影走得欢，

身背箩筐口唱歌，

美丽潇洒似天仙。

（一半人作走田埂表演）

群：（数）身背箩筐口唱歌，

美丽潇洒似天仙。

乙：（数）噢，原来是——

一群摘葡萄的俏姑娘！

大棚里的葡萄熟透了，

群：（数）碧玉紫玉一串串，

乙：（数）大棚里的葡萄熟透了，

甲：（数）一筐筐沉甸甸。

乙：（数）葡萄丰收闹洋洋，

男女老少齐登场，

丰收景象动人心，

勤劳辛苦苦变甜！

丙：（数）听！歌声美，锣鼓响，

丰收葡萄登上场。

颗颗如翡翠，

粒粒灌糖浆，

先过秤来再协商，

今年葡萄质量好，

收购价格要上涨！

群：（数）今年葡萄质量好，

收购价格要上涨！

丁：（数）嗨！你看看你看看！

来了一帮帮营销商，

脑袋削得尖。

眼睛贼贼亮，

盯着最好的葡萄硬商量。

戊：（数）嗨，我是老客户，

我有优先权！

己：（数）嗨，葡萄品种交关

多（学上海话）。

（群）：海盐人，爱葡萄，

水果之中最浪漫！

吃到嘴里甜又绵。

中国大，葡萄多，

大大的好的在海盐。

群：（数）生态环境就数这里好，

绿色食品美名天下传。

群：（数）歌声美，锣鼓响，

丰收葡萄来登场。

单：（数）村里老支书，

眯着两笑眼，

忆当初，想当年，

带头试种冒大胆。

优选良种，（群）建起大棚挡风险；

肥药"双减"，（群）科学管理要求严；

绿色优质，（群）打响海盐葡萄好品牌；

看如今，（群）家家丰收喜洋洋。

群：（数）嗨，小小藤儿把千家万户牵。

甲乙：（数）你看葡萄种植户，

盖起新楼锃锃亮。

丙丁：（数）辛苦的日子有回报，

幸福的笑容脸上扬。

戊己：（数）新农村，新气象，

葡萄新村变了样。

庚辛：（数）现代农业上规模，

现代农村换新颜。

群：（数）富了农户富了村，

治理环境有了钱！

甲：（数）桥梁建得好，

乙：（数）道路修修长，

丙：（数）屋后树荫密，

丁：（数）屋前飘花香。

群：葡萄丰收果，

全靠葡萄把福添！

看今年，想明年，

撸起袖子加油干！

基地规模创一流，

亩均效益蹭蹭涨！

今天告白天下人，

爱吃葡萄请你来海盐！

（音乐起）

歌声：满园的葡萄甜又甜，

摘一串葡萄请尝尝鲜，

汗水浇灌幸福花，

硕果丰收在今天！

（三）文学创作

葡　萄

［明］张宁（海盐人）

岁晏虬枝满，春归蚓蔓伸。

行藏与时契，不独味宜人。

冬葡园

蔡会华

雁别枝黄冷意长，棚栽葡熟醉斜阳。

希期来岁三春暖，绿满藤条果又香。

葡萄珠

杨永良

秋风掠过，

带走你饱满的情怀。

漫长的等待，

只为春风沉醉。

一串串，一排排，

青翠欲滴，晶莹剔透。

如少女的心扉，

只盼此刻的相逢。

葡萄之美

杨晓璠

它呀，

紫得发亮，

黑得发红。

像一颗颗闪烁无比的玛瑙，

挂在亭亭玉立的枝干上。

有的规范地站着，

像一位恭敬的哨兵；

有的摆着一副神气的模样，

像一位昂首挺胸的年轻人；

有的仿佛是一位葡萄家族的侦察兵。

咬下去酸里透甜，

让人垂涎欲滴。

甜美的明天

陆怡

枝头的硕果，

由一代代劳动人民的汗水浇灌，

化成葡萄甜美的汁水。

传承了千年，

回味无穷的不只是果实的香气，

还有整理成册的海盐方案。

我们站在"地标富民"的跑道上，

顺着这条甜蜜产业链，

向着明天！向着明天！

夏日即景

徐燕芳

癸卯年间仲夏忙，大春作物长势喜。

葡萄满园沁心香，大棚架下梦境长。

"甜蜜产业"代言人，倾囊相授致富经。

科技耕耘小葡萄，农民致富"黄金果"。

阳光玫瑰

周卫东

夏音马斯喀特，一个拗口但好听的名字，

漂洋过海而来，

落地生根，我们叫它"阳光玫瑰"。

这美好的事物，

颗粒丰盈、结实，挤挤挨挨，

像亲密的一家人，被阳光与花香萦绕。

我相信，每一粒葡萄里面，

都挂着一个小小的太阳，

照耀大地和广阔的生活。

三月萌芽，五月开花——

听过青蛙的鸣叫，闻过金黄的麦香。

八月，蝉鸣急遽地穿过酷热的日子，

穿过田埂，

穿过喜悦的眼神。

一串串晶莹、饱满的果子，

在阳光下散发着玫瑰的香甜气息。

葡萄熟了。

大片大片的白云飘到海盐，

它们停了下来，和我一样，

老远就听到葡萄成熟的消息。

颗粒饱满，硕果累累。

风吹草木，吹着甜蜜的事业。

空气中，弥漫着醉人的清香。

收获，密集的喜悦如期而至。

那么多的果子被阳光和雨露恩宠，

黄得更黄，红得更红。

看那些头戴草帽的农人，

他们走在光影斑驳的时间里，

脚步轻快，像要飞起来。

农　家

娟子

父亲的葡萄架宛若夏天的凉棚，

遮住了太阳。

母亲的翠竹园新竖起根根笋竹，

填补竹园的几片空隙。

弟弟扛起渔竿和网，

把河滩上的小鱼一一唤上岸。

唯独我把自己伫立的倩影，

融入晨曦中，

感到遍身的温暖。

葡萄藤的告别

徐文哲

酸涩的味道被时间冲淡，却留在记忆里。

作为一名土生土长的海盐人，印象中最早接触到的葡萄是巨峰，也是当时本地化种植的主要品种。初见时一颗颗硕大的紫黑色果实表面均匀地染着一层白霜，待用清水洗净后，黑得透亮的果皮呈现在眼前，那就是我心目中葡萄的标准样貌。指尖轻微用力就能剥开光滑厚实的外皮，露出剔透的浅绿色果肉，透地能看见里面充盈着汁水的纤维，甚至可以数清中间有几粒果核。此时的葡萄汁已经顺着手指滑落下来，让人忍不住就要嘬一口解馋。酸甜的味道疯狂地刺激着味蕾，伴随着柔软的果肉一同入口，唾液腺也开始加入到这场味觉的狂欢中。未等第一颗葡萄吞入腹中，双手又开始进行剥下一颗的动作。直至最后，干脆直接把葡萄塞入口中，牙齿轻轻一压，皮肉就自动分离，动作也逐渐机械化，从塞到吐一气呵成，硕大一串巨峰片刻后只留下孤零零的一截绿茎。

后来家中也试着种过葡萄，在井边的浣衣台旁扦插了多支葡萄藤。第一年，计划未果；翌年，果小而酸；年复一年仍如此，遂弃之，可见培育之难。而今阳光照进现实，玫瑰飘香满城，记忆中的紫色巨峰已被绿色阳光玫瑰逐渐替代，想必留给这一代的回忆也将是告别酸甜微涩后的香甜清新。

亲戚家的"八字葡萄"

叶生华

听说，于城镇有个八字村，葡萄种得多、种得好。我笑笑说："八字村里有我家亲戚，也种葡萄……"

一群人坐下来，先聊会天，再喝酒。我指指桌上一盆晶亮的葡萄："刚去亲戚家采来的，八字村的葡萄。"我在"亲戚家"和"八字村"上作了强调。

细心的人会发现，当我把"葡萄"和"八字村"连在一起说时，总是腰板挺直的样子，而我把"八字村葡萄"和我家"亲戚"连到一起说时，我的眼神里生出自信的光芒。

这是情不自禁的流露。八字村里我家亲戚的葡萄，真的好吃。葡萄种植已经成为八字村的特色产业，2006年八字葡萄合作社的"八字"牌红地球葡萄获得了浙江省精品水果金奖。

人的嘴巴很习，但万千嘴巴居然对甜品的辨识度差不多，也就是说，绝大多数嘴巴喜欢甜味，就像我们喜欢听甜言蜜语一样。

亲戚家的葡萄，甜，但甜得不腻，甜得爽口，甜得不上不下正正好。我无法说得清楚，反正就是好吃。你若不信，过来给你吃几颗，或者自己去买了吃，吃过便知道了。

因为好吃，所以盛夏的一天当亲戚又打来电话，邀我们去采葡萄时，我连一句假惺惺的客气话都没说，就回复一个字"好"，便开车去了。

前年亲戚也打来电话，她说忙得没时间送葡萄，让我们自己去采。当时我就想，为什么要送葡萄呢？凭什么要送葡萄？你们辛辛苦苦种出来的葡萄，是家庭收入的主要来源，应该抓紧卖钱。我这样回话后，亲戚反而难为情了，她说是真没时间亲自来送了……我懂亲戚意思，是她一下子没懂我的意思，我是难为情这样白拿白吃才说了一堆客气话的。我马上改口："好的，马上去采。"

去年又打来电话，这次我不客气，直接说"好"。我不想错过吃好葡萄的机会，万一我客气过了头，话赶话地把葡萄赶没了怎么办，后悔都来不及。而且，亲身钻进葡萄大棚里的感觉，与站在水龙头前直接洗了葡萄吃，是不一样的。看着亲戚夫妻俩在葡萄架间灵活地走来走去，看他们猫腰快速走的样子，看他们皮肤已明显老于实际年龄的样子，我们实在不忍心多采，我说好了够了，可是他们哪里肯听我的，不让我满载而归不罢休。

今年还是打来电话，就在两天前，我继续不客气。汽车开在村道上，两边全是葡萄大棚。八字村农民靠葡萄致富，搬迁小区里楼房造得漂亮。我家亲戚早几年在村子里算经济条件不太宽裕的人家，这些年靠种葡萄挣到了钱，把一幢别墅造得豪华又洋气，让我眼红不已。那天我去喝搬家酒时，眼前老是浮现滚圆的葡萄上挂满水珠的情景，这些水珠是亲戚夫妻俩的汗水。

前来收购葡萄的贩子老板早于我们钻进大棚，刚刚谈妥价钱。只听贩子老板说："出的价格很高了，抓紧叫人采，今天要采足7 000斤……"我就想，好货不愁卖，价钱也出得高。又想，7 000斤，要是能卖到10元一斤，那么亲戚家今天可进账七……嗯，辛苦是辛苦，但数钱的滋味蛮好的。

亲戚忙着叫帮工，妻子拿把剪刀自己采。在采多采少的问题上，每年与亲戚起争执，今年依然如此。亲戚要多采，我们说不了，够吃就可以了。那么好卖的葡萄，不能在我们手上浪费了，今年我们坚决控制住数量。

还是满载而归。

回去路上，车里弥漫着葡萄的甜香，车窗外闪过八字村漂亮的民居，还有我亲戚家的豪华别墅，在蓝天白云的映衬下显得格外气派。

邂逅葡萄

安歌

一切的美好总是从故事开始的。

听说每年农历七月初七，牛郎织女会在鹊桥相会。而你若是坐在葡萄架下，便会听到他们说悄悄话。想想看，静静的葡萄架下，你映着繁星遥望银河，柔情似锦佳期如梦，该多么美妙？

小时候的家，有个令人羡慕的院子。院子一隅，置着一个竹子做的葡萄架，蜿蜒缠绵的葡萄藤，便这样绕在竹架上，缱绻而又妖娆。夏天的时候，这里便展开了绿莹莹的一片，任意把阳光剪得斑斑驳驳。风轻轻吹过，一簇一簇的藤叶轻轻摇曳，让人顿时通体凉爽。而郁郁葱葱的绿意下，挂着一串串紫色的葡萄，饱满地像一个个气球，仿佛只要轻轻一碰，便会发出"啪"的爆炸声。

葡萄架下搭着一块水泥板，每天清晨我妈在那里洗衣服，阳光透过层层的藤叶，落在她身上，一闪一闪的晶莹。阳光在头顶，我妈像戴着美丽的桂冠，阳光在身上，我妈又好像穿着丝锦华衣。她一走开，水泥板就成了我的天堂，吃饭的时候，这是我的饭桌；午睡的时候，那是我的石榻；晚上的时候，又成了我的舞台，全家人围在一起，看我在石板上唱歌又跳舞。

那时我的小叔还很年轻。他曾悄悄告诉我，下雨天槐树会开口说话，于是每逢下雨我就往外跑，想跟槐树聊聊天，可是一直未能如愿。然后他又告诉我，七夕葡萄架下可以偷听牛郎织女说话，这次是真的。

于是我又早早地盼着七夕，从碧绿的葡萄开始，看它慢慢泛起紫韵，慢慢晶莹剔透，到终于可以搬把藤椅坐在葡萄架下偷听。我不让家人大声说话，怕惊扰了牛郎织女，甚至不让他们靠近葡萄架，担忧脚步声太重。可是一整夜，依然除了蚊子和叫不出名字的虫子声，什么也没听见。

我小叔说，大约是我这一年不太乖，譬如抓了毛毛虫放在他被窝，譬如抓了蛤蟆后偷他的针筒给蛤蟆打针。

于是我后面很辛苦地坚持了整整一年，没有再进入小叔的房间捣乱，可惜依然没有听到牛郎织女的悄悄话。

当我决定更乖一点的时候，老屋拆了，童年就在那时结束了。那年我7岁，我甚至都来不及记住那年葡萄的滋味。

以后的日子有两个篇章，一个是有关爸妈和妹妹的，新的四间瓦房，没有围墙，更没有葡萄架。另一个是有关爷爷奶奶的，在原来的地基上又建了三间瓦房，小小的院子，种满无花果、桃树……还有一个葡萄架。

我依然喜欢逗留在葡萄架下，满怀希冀地看着葡萄慢慢从翡翠变玛瑙。有些葡萄依然青翠，爷爷却将它摘了，他得意地说，这是另外一个品种，你尝尝看。我不吃青色的葡萄，我始终觉得，葡萄该是紫色的，氤氲着一层淡淡水气的紫色，才能衬得起这个美丽的名字。所以我也依然相信，所有的水果中，只有绽放着圣洁紫色的葡萄，才真的能接通星际电话，可以听见牛郎织女互诉衷情。虽然我从来没有真的听见过。

爷爷喜欢从井里吊一大桶水，把摘下的葡萄浸在里面。等到吃过晚饭，便招呼大家围在一起吃葡萄，我爸总是吃几颗就放下了，说没有老屋的甜。我和妹妹每人一小串坐在小竹椅上玩，一串葡萄上的颜色会不同，有的已经紫得渗出一缕黑，有的暗暗的红，有的却依然保持一丝苍绿。大小也不一样，葡萄上面的总会大一些，如桂圆，下面的小小的，像公鸡的眼睛。有的饱满得仿佛吹弹可破，有的又如瘪了的皮球。我吃葡萄，喜欢先吃小小的，酸涩的，最后留下的又大又甜，往往闻了又闻，终舍不得吃。我妹妹吃葡萄，先挑大的甜的吃，最后把又小又瘪的直接丢掉。

很多年以后看心理学，说先吃小的留大的，是悲观主义，先吃大的留小的，是乐观主义，我觉得真是这样，好像我妹妹要更乐观一些。但有一天，又看到一篇文章，说先吃小的留大的，是乐观主义，因为先拣酸涩的吃，以后是一颗比一颗甜；而反过来，是越吃越酸涩。我又觉得很有道理，现在的我好像比她更能看开些。有一天我俩吃着葡萄讨论起这个问题，得出的共识是年纪越大越淡定，跟吃葡萄无关。

有段时间打算学国画，想画山水，想画小鱼，最后觉得还是画葡萄更能凸显我的水平。"刷刷刷"几个紫色透明的圆，用绿色添叶和藤，用黑色点葡萄的眼，可以一气呵成。末了若还有雅兴，葡萄架下画俩嫩黄的小鸡。断断续续学了一年国画，除了几十张葡萄画，什么也没留下。

也有一段时间特别喜欢吃葡萄。那年夏天，无葡萄不欢，每天都要拎一大串回家独享。夏天还没过完的时候，我的女儿贝贝就来了，黑黝黝的脸庞，黑黝黝的眼珠。我开始偷偷后悔，放着嫩白的苹果不吃，非得把自家娃吃成葡萄色。

不过还是喜欢夏日的葡萄。顶着烈日特地跑去"海德农场"，偌大的葡萄园上空碧云层叠，饱满的葡萄在其中恣意展现丰姿：青色的牛奶葡萄，红色的玫瑰葡萄与红提。夏黑已经成熟，茂密的绿色枝叶下，一串一串的夏黑像紫珍珠般挂满了葡萄架，恰如其名的黑紫果皮吹弹可破，紫衣外层包裹着一层薄薄的果粉，犹如美女的面纱，给葡萄平添了几分神秘感。阳光偶然从叶缝间掉落下来，轻轻地落在这些晶莹剔透的珍珠上，散出五光十色的光芒。

轻轻剥开一枚夏黑，一股沁香顿时弥漫了过来，淡淡的甜香中夹杂着微微的酸意，明明是迫不及待，却依然要优雅端庄，细细端详葡萄肉，透明的果肉发出诱人的光泽。置于口中，唇齿之间立即布满一种奇异的感受，仿佛是酸，又分明是甜，仿佛是甜，又分明是香。更像一股甘泉，充斥了整个身心，让人满足地感叹。

忽然想，或许在葡萄棚下听牛郎织女说悄悄话是有缘由的，除了葡萄的浪漫紫色，那略甜略酸的滋味，恰如爱情，神秘中挟裹着甜美，让人回味与遐想。

因而又萌生在家里种一株葡萄的心愿，七夕的时候，我依然想听听传说里的牛郎织女会说些什么。毕竟，那么多年我再也没有抓毛毛虫放入小叔的被窝里了。

甜蜜的事业

沈明祥

小时候纳凉，奶奶摇着蒲扇，指着天上的天河，絮絮叨叨地讲开了："到了七月初七乞巧节，天下的喜鹊会在天河上搭成一座鹊桥，牛郎就挑着一对儿女，与织女在鹊桥上相会……"

我不耐烦了，打断了奶奶的话，问："奶奶，你见过牛郎织女鹊桥相会吗？"

"扑"一声，奶奶拍了我一蒲扇，一抿嘴回答："我们可以在葡萄架下，偷听牛郎织女说悄悄话嘛。"

"奶奶，葡萄是啥物什，好吃吗？"我又问奶奶。

"扑"，我又挨了奶奶一蒲扇，奶奶又一抿嘴，很自信地回答："笨小鬼！葡萄嘛，就像丝瓜一样，要搭棚棚。葡萄熟了，摘下来吃，咬一口，啊呀呀硬得硌牙，硌得牙痛煞了！"奶奶好像真的吃到了葡萄，用蒲扇轻轻拍拍腮帮子。

噢，葡萄摘下来吃要硌掉了牙的。

这个错误的认识，直到上初中才由语文老师吾先生纠正。

1955年8月，我去了嘉兴市立初级中学读书。

语文课上，语文老师吾先生教我们读古诗：

凉州词二首·其一

[唐] 王翰

葡萄美酒夜光杯，

欲饮琵琶马上催。

醉卧沙场君莫笑，

古来征战几人回？

吾先生说："成熟的葡萄又甜又鲜，略带酸味，是一种美味佳果。葡萄还可酿酒，诗中的美酒就是葡萄酒。夜光杯是甘肃墨玉雕琢成的酒杯……"老师讲得头头是道，我却内心嘀咕：葡萄这么硬，怎能酿酒？

晚自修时，吾先生来教室督班，管纪律。吾先生是我们海盐人，因此我特别喜欢听他夹着海盐乡音的普通话，而且在他面前也不觉得拘束，亲不亲故乡人嘛。

吾先生兜到我课桌旁时，我低声问先生："你讲的葡萄，同我奶奶讲的葡萄，怎么不一样的？"

吾先生俯身问："怎么不一样？"

"奶奶说葡萄壳很硬，硌牙痛的。"

吾先生莞尔一笑，一敲课桌，低声说："不妨碍别的同学晚自修，走，到隔壁办公室向你解释。"

到了办公室，我拘束地立着，吾先生从对面办公桌挪来一把椅子，让我在他对面坐。接着，先生娓娓道来，他说：我知道，我们海盐人把核桃叫作葡萄，你奶奶没有见过真正的葡萄，误以为核桃就是葡萄，所以就说壳很硬，硌牙痛！"

"吾先生，你吃过葡萄美酒夜光杯中的葡萄吗？"我怯生生地问。

吾先生似乎也有点羞涩，迟疑须臾才回答："在杭州读大学时，和六个同学併买了一串，吃过6粒，几乎是囫囵吞枣，哈哈哈……"

我想：像先生这样富家子弟也只能併买一串葡萄，就说明葡萄的金贵和稀少了。于是不知说啥才好，尴尬地面对先生，沉默无语。

吾先生社会阅历丰富，看出学生的尴尬，为解我的尴尬，介绍起葡萄的历史："我国葡萄的历史已有数千年了，有《诗经》为证：六月食郁及薁。这'薁'就是葡萄，不过是颗粒小、很酸的野葡萄。那么我们现在吃的葡萄是什么年代开始栽种的呢？司马迁《史记》中有明确记载：汉武帝时期，由张骞出使西域，带来了红葡萄品种赤霞珠的种子。"

汉代，离我们毕竟太遥远了，说说我们县的情况吧。

海盐县栽种葡萄的历史已有800多年了。南宋常棠撰写的镇志《澉水志四种》中就有对海盐葡萄种植的记载。稍晚一点的明代胡震亨撰写的《海盐县图经·第四卷》中，对葡萄种植亦有明确的记载。

那么，为什么杭嘉湖地区在20世纪50～60年代，市面上葡萄还是稀罕水果呢？只能从广播中聆听女中音歌唱家罗天婵的《吐鲁番的葡萄熟了》。就是当我当老师教音乐课时，教唱一首歌曲《蜗牛与黄鹂鸟》时，也底气不足，海盐水果店中，也难觅葡萄的倩影。

这是因为我们中国百姓被三座大山压得透不过气来，一年糠菜半年粮，哪有心思去想什么水果？新中国成立后，中国共产党的首要任务就是让四万万同胞过上吃饱穿暖的基本生活，哪有富余的良田去栽种桃、梅、李、杏等水果。只有新疆等沙漠地区栽种葡萄等水果，加之交通阻隔，而且葡萄的保鲜期又短，所以江南的水果店（除了大城市）很少有葡萄露面。

直到《春天的故事》响彻神州大地，改革开放后的十多亿中国人民为摆脱贫困，盼望生活犹如芝麻开花节节高。农民懂得仅靠种植粮棉油是实现不了致富梦想的，只有多种经营，才能踏上共同富裕的道路。被知识武装起来的高素质农民，他们把目光投向适合海盐本地土壤、气候，见效快、收入高的葡萄种植。

海盐县葡萄有规模的发展，起步于20世纪80年代。各乡镇有计划地种植葡萄。海盐县农业农村局首先引进了藤稔，并形成了以阳光玫瑰为主，红地球、夏黑、醉金香、藤稔等多品种并种的模式。

若说海盐县栽种葡萄的龙头企业，当推于城镇胜利农场。农场主陈兵是阳光帅气的80后，土生土长的海盐人。他当过兵，19岁入党，退伍后曾任村民委主任。后来陈兵怀着对农业的热爱和看好葡萄产业的前景，开始了他的"甜蜜的事业"。

陈兵是个谦虚好学的高素质农民，他拜葡萄"土专家"为师，通过走访考察，目标锁定葡萄优良品种——阳光玫瑰。几年实践，几年辛劳，陈兵的胜利农场的高标准大棚，一排排呈篱笆形的葡萄架井然有序，一串串阳光玫瑰果穗倒挂在绿叶丛中，仿佛是一幅画，一首歌——《甜蜜的事业》。

陈兵的阳光玫瑰不仅甜度适中，还有一股淡淡的玫瑰香，是名副其实的阳光玫瑰，它获得了市场的认可，年产值超200万，取得了很好的经济效益；他种植的葡萄通过了绿色食品认证，在嘉兴葡萄擂台赛上荣获金奖，他的胜利农场被评为海盐优质葡萄基地。

一花独放不是春，万紫千红春满园。目前，海盐县葡萄种植面积达2.12万亩，产值4.54亿元。其中阳光玫瑰亩均产值高达3.36万元。2020年12月25日，农业农村部对"海盐葡萄"实施农产品地理标志登记。

海盐县的"甜蜜的事业"葡萄种植方兴未艾，县内葡萄大棚随处可见，葡萄已不是稀罕物，人们再也不会把葡萄当作核桃了。城乡大大小小的水果店（摊）里，串串葡萄，琳琅满目，味道好极了。

我们的生活比蜜甜！

海盐葡萄——从记忆走向未来

徐哲超

去年夏天，我和妻子、女儿在海盐县于城镇参加海盐葡萄文化节，见识到了当前海盐葡萄发展的广阔前景。阳光玫瑰、红地球、夏黑、醉金香、藤稔等众多品种在文化节上亮相，品目繁多，颗粒饱满。各种葡萄闪烁着诱人的成熟色泽，恍惚间，让我想起很多关于葡萄的往事。

三十年前初秋的一天，我和父亲乘着水泥船去于城猪场。那天去的时候天气闷热，回来的路上下起了瓢泼大雨。我疑惑地问父亲，我们弄这么多猪粪来干吗？满船猪粪散发出的臭气没有影响到父亲的情绪，他笑着说，过几天你就知道了。

那年我四岁，顽皮地在田里挖泥蛋、抓青蛙，看着爷爷和父亲将满船的猪粪一担担铺撒到地里。随后几天，他们又种上了小树苗，在地里打水泥桩子，拉上铁线。我模模糊糊觉得他们在干一件大事，果然，父亲跟我说我们家要种葡萄啦。他笑容灿烂，语气欢快，像在说一件天大的喜事。

幼小的我也觉得这是件好事。因为村里有好几家种葡萄了，其中一家是我们的本家，爷爷经常带我去吃葡萄。葡萄外表通红泛紫，入口后水水嫩嫩，清甜爽口，我特别爱吃。那时候爷爷坐在椅子上和本家聊天，本家一家人忙碌地在家里的大厅里修剪、整理、放置葡萄。我坐在爷爷怀里，爷爷给我剥葡萄吃。20世纪90年代，物质生活远没有现在丰富，修剪整理好的葡萄可以换得一份不错的收入，修剪下来的散葡萄也给我们带来了口腹的满足，无论哪一样，都是不可多得的美事。

当时没有想这么多，只觉得父亲跟我说我们家要种葡萄时，无数硕大饱满的葡萄在我眼前晃动，闪着晶莹的光泽，一串挨一串挂在我们家门口，仿佛我一伸手就能抓住，每天都能张口就吃。童年幼稚，不知道诸多成果的不易，眼中只有生活的光鲜。

父亲种下三亩葡萄的第二年，爷爷去世，他没能吃到自己家的葡萄。种葡萄的重担落到父亲一个人肩上，很多年后，我看到了他压弯了的背，才体会到父亲独自耕耘的艰辛，当然我也体会到他脸上洋溢的满足和喜悦——那是劳动后收获的甘甜。这份甘甜既是一年又一年劳动后的收获，也是生活的"收获"——他的儿子长大了，工作了，结婚了，生子了。生命在一天天的劳作中完成了传承的使命，正如今日海盐大地上连片的葡萄园，春季发芽，夏季开花，秋季结果，冬季蕴藏，循环往复，生生不息。

村里好多人家都种着葡萄，好像一种起来就忘记了年月，一年又一年，风霜雨雪，一代人衰老了，一代人又长大了。用着卖葡萄的钱维持家用，供孩子上学，努力让生活过得更好。在海盐，我相信这样的家庭不在少数。

海盐人在土地上辛勤劳动、收获果实、养育后代，这是土地上一代代传承下来的经验与智慧，奋斗中结出的果，是最美好的一段旅程。这样的旅程丰硕饱满，如秋后饱满的葡萄，无论付出多少汗水，只要吃上一颗就会有无限满足。

如今，村里的葡萄种植已不再是当年零零散散的光景，种植技术也显著提升，亩产提高，品种更新，越来越多更甜美、更硕大的葡萄品种从土地上产出。我们海盐也建立了葡萄核心示范区、良种葡萄园、文化博览馆，打造海盐葡萄的金字招牌。

我想，无论多么美好的事物，都是人民劳动的成果，都是土地孕育的精华。只要我们持续保持着祖辈勤劳奋斗的精神，保持着对自然和土地的敬畏与尊重，紧跟政府的规划和引导，海盐的葡萄产业一定会越来越辉煌。

海盐葡萄：乡村奇迹的见证

卢耀亿

晶莹别透的果实，散发着诱人的果香，这就是海盐葡萄，一种早已声名远扬的特产。它距今已有近800年的历史，承载着海盐人民坚韧不拔的精神与智慧。

纵观近年来的发展，海盐葡萄产业化迅猛发展。全县已推广发展了近20个葡萄品种，其中醉金香、红地球、阳光玫瑰等品种备受瞩目。产业布局、技术推广、社会服务、品牌营销等日趋完善，形成了完整的产业链条。海盐葡萄产业被列为国家葡萄产业技术体系重点示范县，这是全县农民辛勤努力的结晶。

海盐葡萄的特点是晶莹别透、汁多味鲜。在阳光的照射下，葡萄仿佛是大自然的艺术品，散发着丝丝诱人的果香。每一颗葡萄都是精心酝酿的成果，每一颗葡萄都有着鲜美的口感。

这些年来，海盐葡萄屡获殊荣。海盐葡萄获得了国家级金奖8项、浙江省金奖15项、嘉兴市金奖37项。这是对海盐人民勤劳智慧的最好回报。2019年，全县实现葡萄产量3.78万吨，销售额达到3亿元。海盐葡萄的种植模式也得到了周边省市甚至全国的认可，学习团队络绎不绝。海盐葡萄培训办得如火如荼，月中11日定期培训，每年举办6次，已连续举办了30年，这是对"海盐葡萄"与"海盐模式"的最好宣传。

海盐葡萄不仅仅是一种水果，更是一种文化的传承。它代表着海盐人民的坚韧不拔和勤劳智慧。从种植到收获，每一个环节都需要农民的辛勤劳作和耐心等待。海盐的土地孕育出这个美妙的水果，而海盐人民则将其培育成了一个鲜活的产业。

每一颗晶莹剔透的海盐葡萄，都凝聚着海盐人民的辛勤汗水，它们不仅给人们带来了美味，更给人们带来了享受生活的机会。在品尝这些葡萄的同时，我们也品味到了海盐人民的奋斗和智慧。海盐葡萄的故事，不仅展现了农民的苦与乐，更指明了我们奋斗的方向。

海盐葡萄是一曲乐章，奏响了乡村振兴的旋律。它不仅仅是一种美食，更是一种精神的象征。在海盐的土地上，人们以海盐葡萄为傲，以种植葡萄的成功为动力。海盐葡萄更是一个乡村奇迹的见证，让我们用心去品味这个故事，让它流传下去，让全世界都知道海盐葡萄的魅力。

（四）摄影作品

杨王平　摄

郭红艳　摄

林坚强　摄

陈哲　摄

李亦董　摄　　　　　　　　　　　朱欣儿　摄

何煜　摄

周雪珍 摄

郭秋敏 摄

姜贵杰 摄

宓忠霞　摄

田前良　摄

王永军　摄

高利儿　摄

张华骏 摄

顾月良 摄

张悦红 摄

许社良　摄

赵思雨　摄

王尤亮　摄

（五）书画作品

▶海盐葡萄/冯鸣

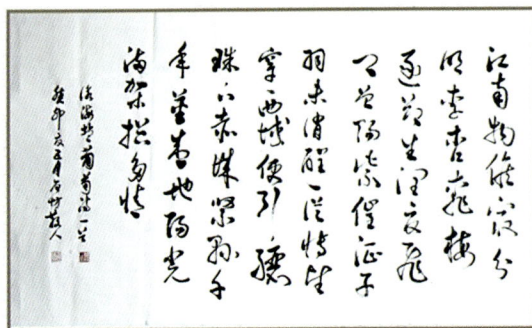

海盐葡萄
癸卯年五月十四日
海盐·唐坊散人

江南物候最分明
李杏桃梅逐節生
潤夏飛卿曾賜紫
催征子羽末消醒
一从博望穿西域
便引驪珠下赤城
緊縣千年蕃庶地
陽光滿架總多情

▲海盐葡萄/钱张建

◀硕果累累／沈周其

　　海盐县农村居民响应党和政府的号召，发展农村多种经营，促进农村经济发展。葡萄种植业是海盐县的一大特色产业，作者用画笔展示海盐葡萄产业所取得的丰硕成果。

▶萄人喜欢／章浠钒

　　一串串"红宝石"晶莹剔透，看到就让人很是欢喜。

▲萌气满满/沈逸钒

阳光玫瑰的色泽鲜艳，口感细腻，汁水横溢，吃上一口就让人元气满满。

▲风吹葡萄香/严凤

身为海盐土著，全家每年盛夏的解暑神器就是当地的葡萄。只要置身于葡萄架下，夏风吹拂，累累硕果闪烁着晶莹剔透的光，阵阵果香传入鼻中，是盛夏中最美的记忆。

◀葡萄静物/陈燕婷

夏日里桌面上的一抹静。

▶紫色珍珠塔/陈恩旭

大家好，我今年上小学二年级，对于葡萄的印象是它的颜色很多，有绿色的，有紫色的，还有红色的。虽然现在水果店、超市和其他市场里卖的大多数是绿色的葡萄，但我最喜欢的还是紫色的葡萄。我觉得紫色的葡萄吃起来很甜很Q弹，一串一串的，层层叠叠，像珍珠塔。

◀葡萄韵/陈梓舒

粉色代表葡萄的甜，蓝绿色代表葡萄的酸，两种味道的结合才让葡萄有了独一无二的味道。就像努力生活中的我们，不完美但真实。

▲清香/黄开科

　　以两串黑葡萄放在瓷盘里构思，葡萄上面带几片深浅不一的叶子。画面放在一个圆里，除一个穷款外画面没有多余的东西，整个画面显得干净利落，葡萄的清香正从盘中流出。

▲硕果/陆文文

　　这葡萄像一串红宝石，颗粒饱满。透过薄薄的一层皮，隐约看见果肉晶莹剔透！作品通过水彩的形式刻画了主体物，结合传统书法充盈画面。

◀海盐葡萄熟了/许迪勤

葡萄园里，人们开开心心摘葡萄。

◀甜溢四方/姚海云

海盐葡萄甜四方。

▲硕果累累/沈周其

用我们的笔绘出海盐葡萄的丰收场景。

▲葡萄/杨莹

夏天来临，海盐周边的葡萄园里挂满了各种葡萄。雨后，圆圆的葡萄上挂着水珠，晶莹剔透，非常惹人喜爱！

▲海盐葡萄/俞逸诗

▲甜蜜事业/任凭

葡萄已成为海盐特产，每年放学回家路过葡萄园，能看见好几个品种的葡萄一串串挂在树枝上，圆润饱满可爱。

阳光玫瑰在海盐已有多年种植历史，目前已形成规模，形成了海盐特色的农业经济。每到葡萄上市季节，农户们满心欢喜地采摘葡萄并将其销售至各地，形成了一份具有海盐本地特色的"甜蜜的事业"。

▲硕果/刘巧玉

▲葡萄熟了/周李洁

葡萄丰收了，硕果累累，小鸟飞来，是不是想先试尝？

▲葡萄/顾培文

　　舅舅家种了三十多年的葡萄迎来丰收，挑了几串紫莹莹地送到我家里。看着这些晶莹剔透的葡萄，勾起了我强烈的创作欲望，于是我忍着肚里馋虫，拿起画笔记录下这美好的瞬间。画面主要体现葡萄在自然光下丰富的色彩关系，十分注重构图。想与大家通过作品分享这份家乡的美味，这就是海盐味道！

第十章
产业拓展

海盐县为海盐葡萄打造完善的全产业链，产前、产中、产后全覆盖，且拥有多个省级产业项目，整体营造出良好的产业发展环境。

一、产前生产有保障

1. 绿色农用物资

海盐县拥有农用物资店78家，均可提供优质葡萄种苗和化肥农药，其中有3家农用物资店被相关主管部门授权建立"海盐葡萄绿色食品农药专柜"，专柜内摆放销售的药品均参照浙江省农

海盐县农产品质量安全中心监管人员抽查农用物资店

产品质量安全中心印制的《绿色食品生产允许使用的农药清单》，并有海盐县农产品质量安全中心监管人员不定期抽查，同时农用物资店也为葡农提供专业的技术指导服务，确保海盐葡萄的绿色生产、品质安全。

2.绿色基地

根据"试点先行、示范带动、整体推进"的原则，海盐葡萄用两年（2020—2021年）时间成功创建省级精品绿色农产品基地，建成核心种植区

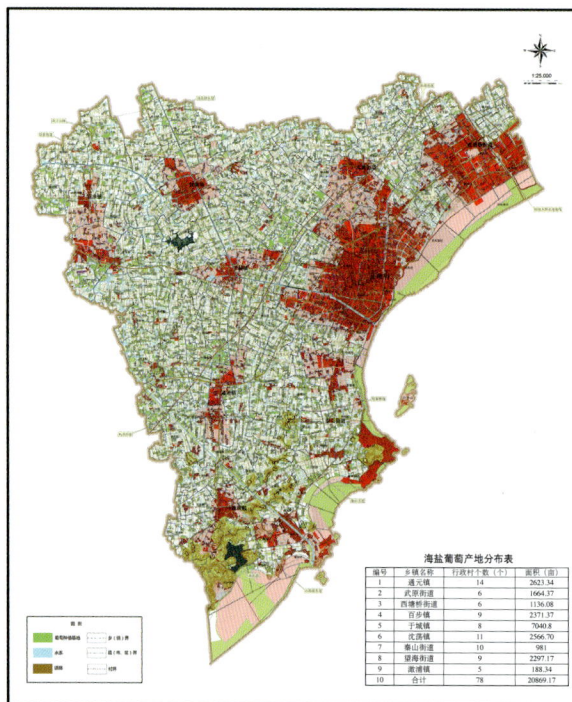

海盐葡萄产地分布表

编号	乡镇名称	行政村个数（个）	面积（亩）
1	通元镇	14	2623.34
2	武原街道	6	1664.37
3	西塘桥街道	6	1136.08
4	百步镇	9	2371.37
5	于城镇	8	7040.8
6	沈荡镇	11	2566.70
7	秦山街道	10	981
8	望海街道	9	2297.17
9	澉浦镇	5	188.34
10	合计	78	20869.17

海盐葡萄绿色食品产地分布图

8 110亩，葡萄绿色食品认证主体29家。推行标准化设施化栽培，完善质量追溯体系，打造海盐葡萄整体品牌、提升海盐葡萄知名度和生产经营效益。

3.专家团队

在生产、监管、销售方面，组建了由浙江省、嘉兴市专家坐镇，海盐县各镇基层技术员指导服务的三个专家团队。一是由海盐县农科所牵头，联合浙江省农科所、嘉兴市农渔技术推广站专家和各镇（街道）水果员、葡萄"土专家"，组建海盐葡萄技术指导专家团队，负责葡萄的生产指导，提高品质，保证产量，让葡农种出好吃的葡萄；二是由海盐县农产品质量安全中心牵头，联合浙江省、嘉兴市农产品绿色发展中心专家和各镇（街道）农产品质量安全监管员，组建海盐葡萄安全监管专家团队，监督葡农种出健康安全的葡萄，让消费者放心食用、安全食用；三是由海盐县农业农村局产业科牵头，联合浙江省、嘉兴市、海盐县供销合作社专家和各镇（街道）葡萄经纪人，建立海盐葡萄销售专家团队，开展产销对接，让葡农种出的葡萄卖得

浙江省、嘉兴市、海盐县等各级专家开展技术指导

掉、价格卖得好，提高葡萄种植的经济效益。

4.产业联盟

在海盐县农业农村局的指导和支持下，由种植户、供销合作社、家庭农场、农用物资供销商等力量自愿发起组成的非营利性的社会组织，通过发挥海盐葡萄的技术优势、市场优势、服务优势，为海盐葡萄产业发展提供新技术、新产品、新模式、新业态，同时为种植户提供强有力的科技支撑和人

海盐县葡萄产业联盟成立

才支撑，努力打造标准化、规模化、品牌化的葡萄产业集群，促进海盐县葡萄种植户增效、增收，通过促进产业振兴带动乡村振兴。

二、产中销售多元化

1.批发市场销售

嘉兴水果批发市场是全国知名的南北水果集散中心，具有极其强大的辐射功能，而海盐县距离嘉兴水果批发市场仅40千米路程。种植户将葡萄从田间采摘后装筐直接送往批发市场，放在经营葡萄的档口寄售，供下游客户群体（如水果店、生鲜超市、饭店等）选择采购。这种销售方式运输方便、市场大、客户多，优质优价。

2.葡萄经纪人收购

葡萄经纪人是指将葡萄从产地贩运到各地销售的商贩。每到海盐葡萄成熟上市的时节，全国各地的葡萄经纪人出现在海盐田间地头收购葡萄，其中也有不少本地葡萄经纪人。他

们从农户地头收购中低端品质的葡萄，贩卖到各地水果市场、超市、水果店等。种植户可以省时省力，销售速度快，风险小。

3.果商订购

嘉兴地区葡萄品质高，尤其是海盐葡萄较为突出，吸引了各地果商订购。果商瞄准的是中高端品质的葡萄，会在成熟上市前一个月实地考察，符合采购标准的直接包园订购。如嘉兴水果批发市场的君龙果业、广州江南水果批发市场"果海名匠"品牌的果商每年都会在海盐县寻找高品质果园包园订购，采收后使用他们自己的品牌包装销售。

4.商超订购

精品高端水果店和大型连锁商超对水果品质把控较为严格，有专门的采购渠道。海盐葡萄品质得到不少商超的认可，按品质分级被大量订购，如"先锋"果业、"叶氏兄弟"果业、"雨露空间"、沃尔玛超市等。

5.电商销售

依托海盐葡萄电商示范基地，开设电商平台账号，培育新农人，在室内、室外、葡萄园等多场景开展直播带货销售。通过抖音、淘宝、京东、拼多多、美团优选等平台，进行多渠道、多平台线上销售海盐葡萄。

嘉兴市水果批发市场君龙果业业务员在田间看园订购

海盐葡萄直播基地正在直播带货

海盐县胜利农场葡萄园内
录制抖音推广视频带货

三、产品开发深度化

目前可以用海盐葡萄加工制作葡萄蒸馏酒。海盐县内葡萄种植户多会将采收后的次果放入大缸内发酵，再蒸馏成白酒。葡萄蒸馏酒具有浓郁的葡萄香味，深受酒类爱好者的喜爱。但是农户自制的葡萄蒸馏酒工艺较差，普遍含有较多的杂质，口感欠佳。海盐胜源农业科技开发有限公司与绍兴某酒厂合作，将本地葡萄蒸馏酒进一步提纯、去杂、调配，开发出余城牌阳光玫瑰葡萄蒸馏酒。该酒口感清香绵柔，具有果香和玫瑰香的风味。其他加

阳光玫瑰葡萄蒸馏酒

工产品如葡萄干、葡萄果醋、葡萄汁等都因气候环境不适宜、开发投入成本过高、市场推广困难等因素发展受限。

四、产业壮大环境优

1.海盐"南北两带"建设

"南北两带"是海盐县委、

县政府在推进海盐县农业现代化、乡村和美宜居大背景下，结合海盐县实际提出的战略任务。

（1）南部未来乡村样板带

南部未来乡村样板带围绕海盐县南部三镇（通元镇、澉浦镇、秦山街道），高标准建设千亩良保农田典范牌、综合展示道路典范牌、浙北富春山居典范牌、自然生态奇景典范牌、基层党建示范典范牌共五张典范牌，打造海盐县南部未来乡村的典范片区和嘉兴市领先的未来乡村样板。

通元镇丰义村

秦山街道丰山村

澉浦镇朱家门

（2）北部特色产业示范带

北部特色产业示范带围绕海盐县北部三镇（沈荡镇、百步镇、望海街道）农业产业资源，打造以稻虾、葡萄、生猪、蔬菜加工为特色的产业集聚区。高标准建设海盐县北部产业特色鲜明、生产方式绿色、多产业深度融合、综合效益显著、农民富裕富足的现代农业特色产业示范样板。

北部特色产业
——海盐稻虾

北部特色产业
——海盐葡萄

北部特色产业——嘉兴黑猪（海盐）

北部特色产业——加工蔬菜

2.海盐农业科创绿谷

海盐农业科创绿谷位于海盐县通元镇，占地495亩，总体布局为"一心两区"：研学教学与培训中心、设施农业集成示范区和现代稻作科研示范区。计划将海盐农业科创绿谷打造成超高产量和顶尖品质的农产品科技示范基地，同时与科研院校合作开展农技教育培训。

海盐农业科创绿谷鸟瞰图

3.海盐农业经济开发区

海盐农业经济开发区（简称"园区"）位于海盐县通元镇，园区规划总面积9.28万亩，园区以稻虾、湖羊、蔬果为特色主导产业，重点突出现代农业核心区建设，打造"五园一体两线"：千亩蔬菜园、农产品加工园、精品果园、稻虾共生园、湖羊文化产业园、月湖田园综合体、水果休闲采摘线、醉美田园观光线。园区内现有年产5万吨优质大米的加工企业、融禾生态农业产业园、调味品及预制菜等多个重点项目，创新创业氛围浓厚。

海盐农业经济开发区鸟瞰图

4.海盐葡萄特色农业产业集群

海盐葡萄特色农业产业集群位于海盐县中北部,涉及7个镇(街道),是海盐县聚焦"产业振兴"的典范。海盐葡萄特色农业产业集群围绕葡萄特色优势产业,坚持品种培优、品质提升、品牌打造,集成科技创新、创业孵化、示范引领、推广应用等多种功能,通过强龙头、补链条、兴业态、树品牌,促进产业链、资金链、人才链、创新链、政策链融合发展,进一步做优做强海盐"土特产",提升葡萄产业综合竞争力。

海盐葡萄万亩核心示范区

5.省级乡村"土特产"精品培育试点（海盐县"土特产"集聚区）

海盐县"土特产"集聚区位于海盐县北部，是海盐特色农业产业发展同乡村振兴建设和共同富裕示范紧密结合的典范。以"海盐葡萄""嘉兴黑猪（海盐）"入选省级名优"土特产"精品培育试点为契机，重点实施葡萄农艺农机融合示范基地建设、肉制品深加工升级改造、农创客孵化园建设等5个项目，总投资3 500万元。

海盐县精品葡萄

第十一章
人物风采及示范基地

　　海盐葡萄产业发展不仅仅依靠政府主管部门的技术指导、政策扶持、品牌宣传，更少不了种植主体在葡萄产业发展中作出的贡献。有海盐葡萄产业发展奠基人杨治元，共富带头人"土专家"沈卫忠，大胆创新"开拓者"陈兵，等等。除本书中列举的优秀主体外，还有潜心专研葡萄管理技术的沈荡镇种植户曹培春，勤劳刻苦的丰湾农场"马大姐"马永梅，对葡萄产业充满信心的农创客张海涛，等等。他们不仅是海盐葡萄的传递者，更是葡萄产业发展的探索者和实践者。海盐葡萄的发展兴旺，需要一代一代人的接力、付出和传承，未来也将在人才培养上加大扶持

杨治元在田间作指导

力度，进一步丰富海盐葡萄产业内涵，吸引更多愿意扎根乡村、投身农业的新农人，接好海盐葡萄产业接力棒。在大家的共同努力下，打响海盐葡萄品牌，推动海盐农业发展和乡村振兴。

一、人物风采

（一）杨治元

杨治元，男，1936年生，退休前在县农科所从事葡萄栽培技术试验研究及技术推广工作，这份工作一直延续至今。杨治元在海盐葡萄的发展过程中起到了举足轻重的作用，他的试验成果、创新技术不仅对海盐葡萄产业的发展奠定了坚实有力的基础，而且对整个浙江省葡萄乃至南方葡萄的发展都有指导性作用。

杨治元从1987年开始种巨峰，在海盐县武原街道城中心的葡萄试验园开展试验研究，开始拥有多重身份。他是一位果农，三十多年如一日地在小小试验园里劳作。虽然他学的不是果树栽培专业，对葡萄也是一窍不通，但他像果农一样管理葡萄，除施肥、翻地、喷药外，他还亲自参与蔓、叶、果管理各项农活。他以工匠精神认认真真干活，在劳作中学习，在劳作中积累经验，一直坚持了三十余年；他是一名科技人员，从1992年开始引入新品种并观察其性状特性，研究各种品种栽培技术，成果丰硕共研究了12个品种的稳产优质栽培技术，涵盖75项栽培技术，积累了10.3万个数据，形成了许多新理念，成为种葡萄的行家里手；他是一名学者，从1988年开始就外出考察、调研、学习，30多年来考察、调研了全国26个省（自治区、直辖市）的葡萄园，全国主要葡萄产区几乎都去过，学到很多经验，积累了不少资料；他是一名老师，是果农最熟悉的"杨老师"，从1993年开始在海盐县办葡萄培训班，同年出浙江省外授课，浙江省内、外的海盐葡萄培训班共举办25年（2017年授课结束）授课481次，每年平均19.2次。海盐葡萄从1998年开始举办全国培训班，截至2017年共举办10届，每届培训班都由杨治元主讲，每年的12月7日、8日两天，全国各地的葡萄种植户相聚海盐共同交流学习；他是一名作者，杨治元从1993年编著第一本葡萄专著，至2018年共编著出版葡萄类图书27本，大部分为个人编著。杨治元1994年在《上海农业科技》发表了第一篇与葡萄相关的论文，至今共发表与葡萄相关论文近140篇，平均每年近6篇。

杨治元将4套书籍分别捐赠给中国国家图书馆、浙江图书馆、嘉兴市图书馆和海盐县张元济图书馆收藏，并获得捐赠证书。

部分捐赠证书

杨治元在30多年的葡萄研究与种植生涯中获得了农业农村部、浙江省人民政府、浙江省农业农村厅、浙江省教育厅、嘉兴市人民政府、海盐县人民政府等各级单位的奖励证书和荣誉证书共20余项。

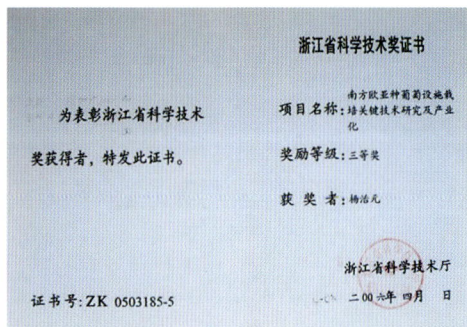

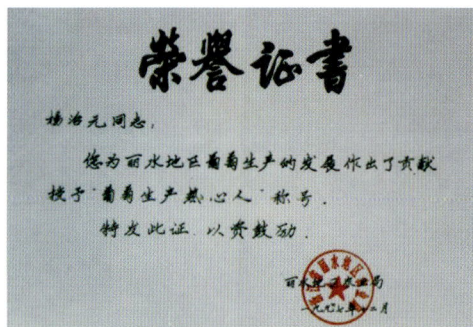

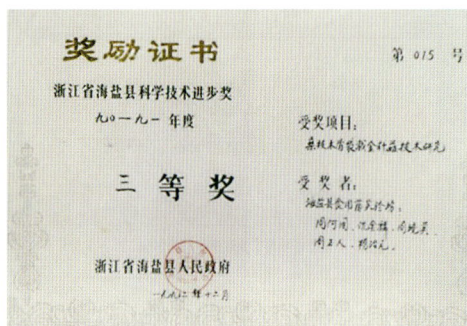

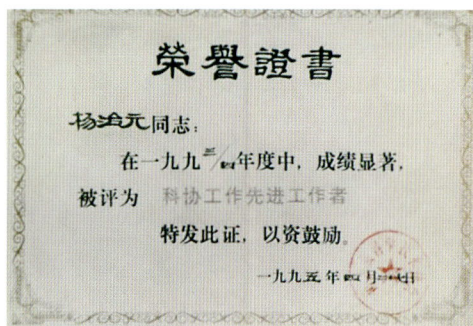

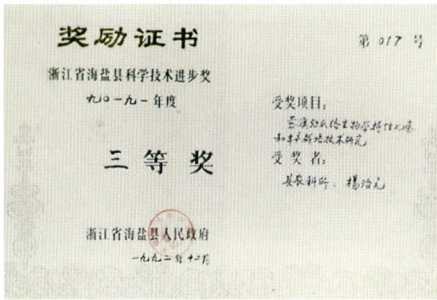

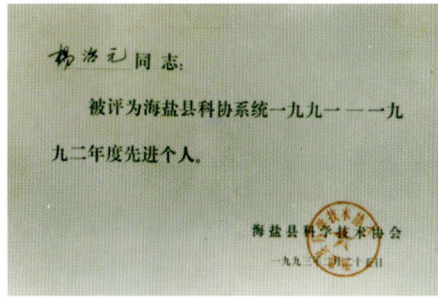

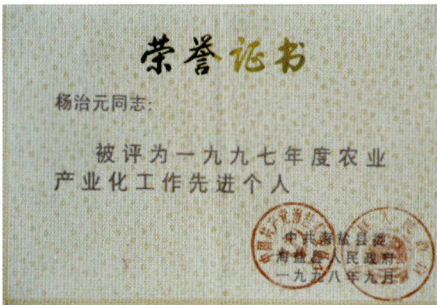

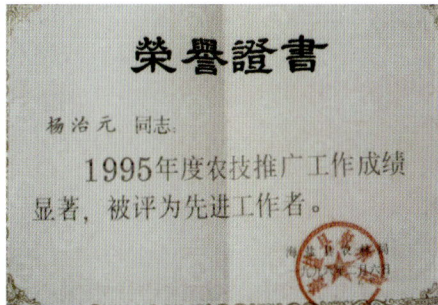

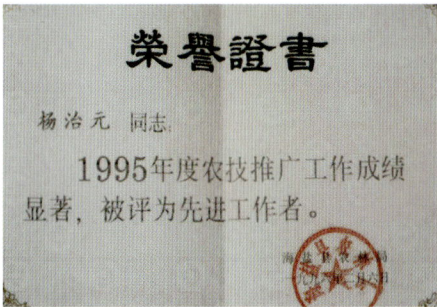

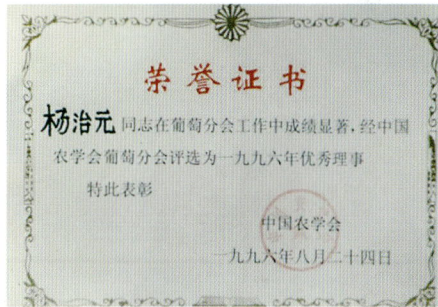

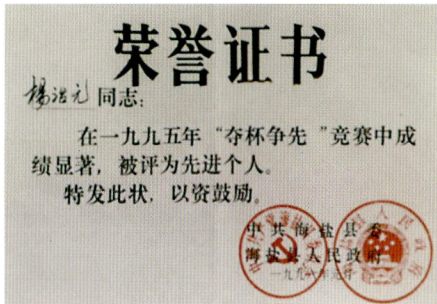

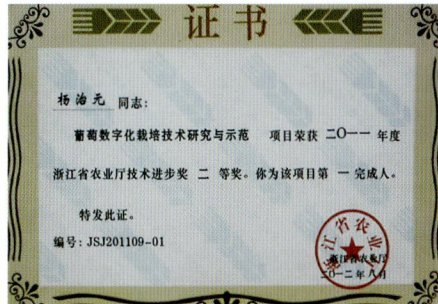

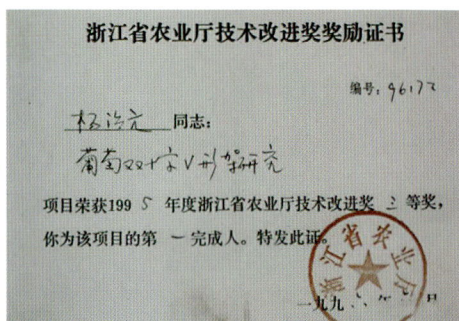

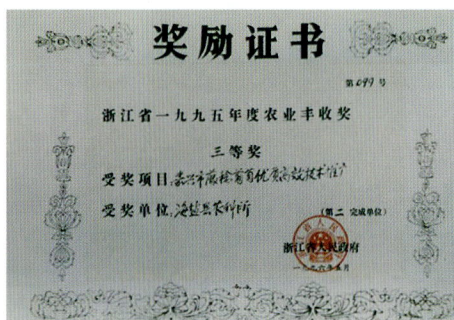

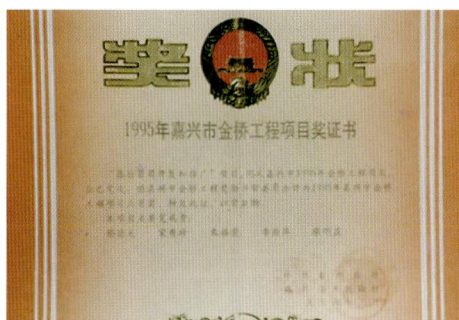

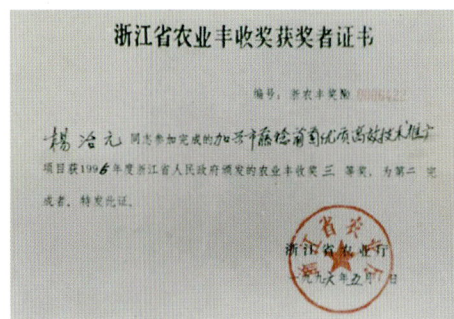

杨治元所获的部分荣誉

　　杨老师说，人活在世上不能碌碌无为地过日子，要做些有益于社会的事。他自1987年开始从事葡萄事业，便立志要做点有益于葡萄发展的事，按这种理念踏踏实实地工作了一年又一年。他

在葡萄园中的杨治元

保持着低调的生活方式，不追求享受，不追求高消费，人活得健康快乐。

（二）周玉良

周玉良，男，1961年生，中共党员，海盐县八字葡萄专业合作社副社长、八字葡萄基地负责人，曾被评选为嘉兴市优秀共产党员、浙江省农村科技示范户。

周玉良是于城镇第一家葡萄种植户。1989年，于城镇八字村第一次引进葡萄种植技术。当时28岁的周玉良还是乡村教师，他对葡萄种植产生了浓厚兴趣，靠着到处请教和自学，经过两年的种植管理，他成功种出了品相和口感都非常好的葡萄，赚到了葡萄种植的"第一桶金"。他的葡萄第一年销售了8 000多元，第二年销售了17 000多元。当时万元户是很新鲜的，整个于城镇都没几个，这给了他继续种下去的信心。周玉良用赚来的钱盖了一幢两层的小楼房，还扩大了种植面积。1994年，依靠勤劳致富的周玉良光荣地加入了中国共产党。

周玉良和他的葡萄

周玉良种植葡萄的技术越发成熟，周围村民看到他种葡萄挣了钱，纷纷向他讨教种植经验。当时他所在的八字村还是一个工业缺失、经济作物匮乏的贫困村，作为先富起来的一批人，他决心带动其他村民一起致富。2001年，在周玉良的带领下，八字村成立了葡萄专业合作社，构建了"1+3+5"党群创业模式。该模式通过1名党员带3名社员、1名社员带5户农户的方式，全面深入、有针对性地开展指导帮扶，有效形成了"助创富民"致富链和创业共同体。不仅如此，他为了带动全村人一起脱贫致富，还在合作社内设立了2个党群创业先锋大棚，无偿提供给家庭困难的群众使用，由周玉良提供免费葡萄管理技术辅导，让农户享受大棚内葡萄的净收益。他常常为贫困户、残疾人无偿垫付启动资金，并免费提供种苗、化肥和钢丝吊脚等农资，助力种植户们实现"零负担"增收致富。

在周玉良的基地中，晚饭过后，常常可以看到这样一幕：一张长桌，几张板凳，一个呼呼冒着热气的烧水壶，一群农户围坐在一起聊着葡萄致富经。

后来大家便将这里取名为"六点半茶铺"，并且每周一、三、五傍晚六点半大家都会聚集在这里听周玉良分享交流葡萄的种植技术和心得。20多年来，经周玉良培训过的葡萄种植户有4万余人次，他还经常上门"问诊把脉"，将自己的种植技术倾囊相授。

六点半茶铺

（三）夏寿明

夏寿明，原海盐县武原街道富亭村党支部书记，葡萄种植的优秀带头人。他通过自己试种葡萄和多年的学习摸索，让葡萄的产量、效益都非常好。他的成功影响了周围的农户，在他的带领指导下，该村的农户都陆陆续续种上了葡萄。

夏寿明自1993年起担任富亭村党支部书记，带领群众致富就成为他的首要任务。他改变传统种植方式，选择了种植收益较高的葡萄，在自己试种的基础上，再用实践来影响周围农户。1993年，他以15元一株的价格买来了藤稔葡萄苗，种植了1亩。由于缺乏技术和经验，次年葡萄收益不太好，但他不灰心，又扩种了0.8亩。经过两年的学习摸索，终于得到较高的经济回报。1995年开始，1.8亩葡萄每年收入达1万~1.6万元。在他的影响下，他所在的组和邻组的农户陆续种上了藤稔。到1998年，全村藤稔种植面积扩大到40多亩。

1998年，夏寿明发现了新品种——无核白鸡心。但该品种种植投入较大，风险很高，到底要不要种，他和村里另外两个种葡萄的农户商量了整整一星期，最后决定还是试一试，先种了半亩地。第二年无核白

鸡心只卖了3 000多元，他与村里的几位农户又到周边葡萄种植区考察，发现当时无核白鸡心种植刚起步，依然很有前途。回来后，他决定扩大面积，又扩种了2亩半，第二年这3亩葡萄收入4万余元。在他的影响下，全村无核白鸡心的种植面积又扩大了20亩。他认为，葡萄种植推广不能硬下指标，只能靠引导，尤其是新品种投资较大，农民对其品种特性不了解，市场行情变化快，需要靠一些先行者用实际行动去影响他们，农民需要的是实实在在的示范。

夏寿明（右一）和农户在葡萄园中

（四）刘瑾

刘瑾，退休前为海盐县武原镇农技水利服务中心（现农业农村办公室）主任，在任期间带头发展武原镇葡萄产业，2013年武原镇葡萄种植面积居海盐县第一。刘瑾作为镇街科技人员负责上下联络，并根据县农科所的指导适时开展科学试验和技术培训，推广优质葡萄栽培技术。在她的带领下，武原镇的栽培方式从单一的露地栽培逐渐发展成以设施栽培为主，销售模式也从最初的提篮小卖自产自销转变为依靠合作社、经纪人和专职营销人员外销，销售网络日益完善。2001年武原镇成立了武原葡萄协会，2004年组建海盐县富亭葡萄专业合作社（法人：夏寿明），2010年组建海盐县纯元葡萄专业合作社（法人：刘瑾），2011年海盐县忠忠葡萄专业合作社成立（法人：顾中伟），2013年海盐县惠众水果专业

合作社成立（法人：周卫中），2014年海盐益康葡萄专业合作社成立（法人：周陶军），并且实行"统一品牌、统一生产、统一销售、统一技术、统一包装"等策略，海盐县纯元葡萄专业合作社积极打响纯元牌葡萄的知名度，各合作社在产前、产中、产后一条龙服务方面充分发挥了重要作用。

刘瑾于2002年获得海盐县劳动模范、嘉兴市劳动模范称号；2003年被评为浙江省农技推广基金会突出贡献农技员、海盐县农技推广先进个人称号；2004年获得海盐县第五批有突出贡献的优秀专业技术人才、海盐县三八红旗手称号；2005年获得海盐县优秀为农服务讲师团人员称号；2006年获得嘉兴市农村实用人才、海盐县优秀农村工作指导员称号；2007年获得海盐县第六批突出贡献人才荣誉称号，被原嘉兴市农经局评为林业工作先进个人；2008年被全国农业技术推广服

务中心评为全国科技减灾促春耕活动先进个人；2009年获得浙江省劳动模范称号。

刘瑾（右）

刘瑾（左）

陈兵在胜利农场中

（五）陈兵

陈兵，男，1984年生，中共党员，2004年12月参加工作，2008年进入村级组织工作，曾担任过村民委主任、社区支部书记，是一名优秀的村干部。在担任村干部期间连续多年被评为优秀共产党员和先进个人。热爱葡萄的他，在2020年辞职后全身心投入葡萄事业。陈兵的葡萄种植开始于2015年，同年注册成立了海盐县胜利农场，葡萄种植面积达60亩，品种以阳光玫瑰为主。

自陈兵全身心从事葡萄种植以来，他一直秉承质量为上的种植理念，潜心培育优质葡萄产品。他的农场所种的葡萄获评2020年于城最美葡萄，并获得2021年嘉兴葡萄擂台赛金奖。胜利农场的产品获得了绿色食品认证和"海盐葡萄"国家农产品地理标志授权。

陈兵在做好自身优质葡萄生产管理的同时，也为周边葡萄种植户提供从建园到葡萄销售全过程的各项服务。他充分利用专业知识和工作经验，在建园方面帮助农户选址、规划、购买材料、搭建大棚和安装基础设施设备。

每到葡萄成熟上市的时间，他又会奔波于嘉兴乃至上海、广州等浙江省外的各大水果市场，对接上海果品行业协会、大型商超，开拓海盐葡萄的销售市场。此外，他尝试通过抖音直播、微商等网络平台宣传和销售海盐葡萄，通过"公司+农场+农户+电商"的经营模式，以办公、推文、短视频、直播带货的形式，充分挖掘农产品的电商潜力。2023年，陈兵成立的海盐葡萄电商直播间被评为浙江省电商直播式"共富工坊"典型案例。

陈兵成立的海盐葡萄电商直播间

二、示范基地

（一）海盐县八字葡萄专业合作社

海盐县八字葡萄专业合作社成立于2001年7月，是海盐县较早成立的农民专业合作社之一。合作社注册了"八字"牌商标，

海盐县八字葡萄专业合作社基地航拍图

该商标在2014年荣获浙江省著名商标。合作社生产的"八字"葡萄在2008年获嘉兴市农产品展销会优质产品奖金奖，在2012年和2013年连续两年获浙江省精品葡萄评比活动优质奖，在2017年获海盐县精品葡萄评比活动金奖，在2021年获嘉兴葡萄擂台赛优质奖、在2022年获嘉兴葡萄擂台赛金奖、海盐葡萄擂台赛金奖。

八字葡萄专业合作社的建立与发展，最初是1989年第一个"吃螃蟹"的八字村民周玉良种了1.9亩葡萄，他靠葡萄赚了钱，盖起了楼房，周边村民便跟着他一起种起了葡萄。

1993年底，八字村的葡萄面积逐渐发展到了86亩。1995年，18户葡萄种植户自发组建了海盐县八字村葡萄专业协会，这个协会便是八字葡萄专业合作社的前身。到了2001年，由八字村葡萄专业协会发起、46户葡萄种植户参与，组建成立规模更大、功能更多、职能更健全、产业链更完善的葡萄专业合作社，经过多年不断地发展，到2023年有社员125户，葡萄种植面积3 000多亩，合作社内建立培训中心2个，冷库、农技服务部、农资服务部各1个。

八字葡萄合作社的建立对八字葡萄产业发展起到了重要

周玉良在开展科普研学

八字葡萄专业合作社社长沈锋为前来参观
考察的人员讲解

作用，不但提高了社员对葡萄种植的积极性，而且使得八字葡萄集聚化、产业化、品牌化的发展条件日臻成熟。合作社投资建立了一个设施完善的精品种植与试验基地，开展产、学、研活动。该基地也成为了海盐县红领巾研学基地、慈善精准帮扶基地和"海盐葡萄"地理标志示范基地，开展教学、帮扶、示范活动。合作社与浙江省科研院校合作对接，在该基地对葡萄种植品种的多样化不断创新、优化。

八字葡萄专业合作社葡萄种植规模的不断扩大，主要得益于合作社常年定期举办技术培训班，形成了每月10日由技术带头人给社员们授课的传统；在合作社基地开设"六点半茶铺"，社员们晚饭之后围坐在一起喝着茶，交流葡萄种植技术；有效利用好合作社党组织，建立"党员+社员"帮扶联带机制，由有技术的党员种植户指导普通社员种植，解决生产上的困难和问题。越来越多的村民加入了八字葡萄专业合作社，提高自身管理技术，增加全村的经济效益。

八字葡萄合作社召开培训班

（二）海盐县武原葡萄生产基地

海盐县武原葡萄生产基地位于海盐县武原街道，土地面积最大时为2013年，有7 000余亩，约占当时全县葡萄种植面积的一半，是浙江省葡萄面积超5 000亩的十个乡镇（街道）之一。后种植区域不断扩展，先后组建了武原葡萄协会、海盐县富亭葡萄专业合作社和海盐县纯元葡萄专业合作社。2000年武原镇农业技术推广站注册了纯元牌葡萄商标。海盐县纯元葡萄专业合作社于2010年成立，由刘瑾、张拥军等122人发起，其中团体社员3个，包括海盐县城西农业开发公司、海盐惠尔斯食品有限公司、海盐县富亭葡萄专业合作社；个人社员119人，由种植大户、农技人员、农用物资供应单位、食品加工企业4方面代表组成，体现了先进性和代表性，2013年被评为浙江省示范性农民专业合作社。2007年首届海盐县·武原葡萄文化节的举办，促进了武原街道葡萄产业的发展。纯元牌葡萄通过绿色食品认证，获中华名果称号。

武原葡萄栽培的主要优势：一是起步早，是浙江省最先引进欧亚种葡萄并应用于生产的地区。二是将技术研究、生产开发和产后服务结合得较好，不仅对武原葡萄产业发展起到了推动作用，而且带动了其他县、镇葡萄产业发展。2002年7月，第三次全国南方葡萄学术研讨会在海盐县召开，各位专家实地考察武原葡萄基地，给予了较高的赞誉。2001—2011年纯元葡萄获浙江省内各级农业博览会和水果展示、展销会优质产品，2002年9月纯元牌葡萄被浙江省农业厅认定为首批无公害农产品。2007年武原葡萄基地被中国果品流通协会评为全国优质葡萄生产基地。三是集中连片种植，经济效益较好，1987年开始零星种葡萄，后引进调整葡萄品种，优化栽培技术，提高组织化程度。随着藤稔葡萄品种引进和配套技术的推广，2000年葡萄种植面积有500余亩。进入21世纪后，武原街道的葡萄产业得到了快速发展，到2013年葡萄栽培面积为7 000多亩，葡萄总产量

武原葡萄生产基地

达10 500吨，总产值7 260万余元。之后由于城市化发展、工业园区的拓展、区划调整，葡萄种植面积有所减少。

（三）海盐县惠众水果专业合作社

海盐县惠众水果专业合作社位于武原街道双桥村，2013年由海盐县惠众农场负责人周卫中发起，带领双桥村葡萄种植大户共同成立，拥有成员118户，葡萄种植面积近3 000亩，2016年被评为嘉兴市示范性农民专业合作社。惠众水果专业合作社积极为成员提供产前、产中、产后全程社会化服务，提高成员经济效益，成员则为合作社提供来源稳定、质量可靠的产品。合作社为葡萄产业的整体发展，为农业增效、农民增收探索了一条新路子。

合作社产品依法注册为品辉商标，从2016年开始实行"三统一销售"，即统一品牌、统一包装、统一销售。成员的

葡萄经合作社统一包装后，有的直接进入上海市、嘉兴市、杭州市等国内市场销售，有的远销俄罗斯。2016年销售葡萄2 200吨，销售额为1 500多万元。2018年，品辉商标获得了嘉兴市驰名商标称号。2019年合作社销售额超过了3 000万元，2021年销售额更是突破了4 000万元。合作社突出示范作用，坚持其服务品牌化、专业化和技术化，从而提高农产品品质和附加值，真正从生产性服务中得到利益，促进农业生产性服务对农民收入溢出效应的发挥。在合作社的示范引领下，成员的生产技术、产品品质和生产效益不断提升。

周卫中，1968年生，是惠众水果专业合作社社长，同时也是海盐县惠众家庭农场的负责人，他从2003年开始就从事葡萄收购营销工作。2007年参加相关专业培训后，他获得了农产品经纪人证书，2014年获得了浙江省十大农产品营销经纪

人称号，2020年他收购的葡萄达1 200吨，销售额1 100万余元。

惠众水果专业合作社智能分拣设备

周卫中不满足于小打小闹的经纪人角色，于2013年注册成立了海盐县惠众农场，流转土地315亩。农场成立之初，葡萄种植面积250亩，品种以红地球为主。但近几年随着阳光玫瑰等新品种的崛起，他迅速更新调整品种结构，种植以阳光玫瑰为主，天工墨玉、夏黑、巨玫瑰等品种搭配。在不断更新品种的同时还优化种植模式，标准大棚采取双膜或单膜覆盖，以错开农时，错开采摘销售，有效调动和利用劳动力。海盐县惠众农场是海盐县葡萄种植面积最大的一个农场，

其利润从2020年的300万元增长到2022年的500万元，作为一个有着葡萄种植面积200多亩的规模农场，打破了葡萄种植户种不好葡萄、管不好葡萄、葡萄质量差、效益多亏损的常规经营模式。

周卫中流转土地建立葡萄生产基地、创办农场并成立合作社，在自身实现较好收益的同时，实现了优质高效葡萄稳产，带领合作社社员共同致富。

周卫中

海盐县惠众农场

（四）海盐县西塘桥果品专业合作社

海盐县西塘桥果品专业合作社成立于2008年，位于西塘桥街道刘庄村，现有社员101人，葡萄种植面积3 500亩。该合作社主要经营范围是优质葡萄的种植、销售及其信息、技术相关服务，同时也举办种植及病虫害防控技术培训。西塘桥果品专业合作社于2010年注册丰香商标，2012年8月通过浙江省无公害农产品产地认证，2013年1月获无公害农产品证书，2014年被评为嘉兴市示范性农民专业合作社，2020年被评为海盐县十佳现代农业经营主体。西塘桥果品专业合作社成立了刘庄村丰香葡萄仓储及技术服务中心，为社员提供优质苗木、生产管理技术和产品销售服务，并负责组织采购供应社员所需的农用物资商品。生产后西塘桥果品专业合作社统一保底收购村民社员种植的葡萄，打通农产品直达市场的销售渠道，将葡萄供往杭州市、上海市等地的商超和水果批发市场，为社员解决后顾之忧。2010年以来，西塘桥果品专业合作社每年举办培训班5次以上，且每年赴海盐周边县市及福建省、江苏省、江西省等地考察学习。

沈卫忠，西塘桥果品专业合作社社长，同时也是海盐县丰香家庭农场负责人，1969年生，中共党员。他利用自己掌握的葡萄种植技术，带动周边农户勤劳致富，在群众中享有较高威望，受到广大村民的敬重。

沈卫忠（左三）在葡萄果园中

曾获"百千万工程"先进个人、嘉兴市农村科技示范户、农产品经纪人、嘉兴市高级农产品经纪人等荣誉称号。

1994年，沈卫忠承包了12亩土地，5亩用作牛蛙养殖，7亩用于葡萄种植。当时正兴牛蛙养殖，看见别人养牛蛙收益好，他也搞起了牛蛙养殖，还在牛蛙遮阴的塘杆上种上了葡萄。

有心栽花花不开，无心插柳柳成荫。精心管理一年后，沈卫忠发现自己心心念念想要发展的牛蛙产业市场行情不好，原先是农场"副业"的葡萄却让他赚到了1.8万元，这可是当时普通工人一年打工收入的5～6倍。于是他放弃牛蛙养殖，开始走上葡萄种植的致富路。他开始到处找专家老师求教，去学技术，从书本中学，从培训班中学，也去外地参观学习。经过长时间对种植技术和市场行情的研究探索，沈卫忠决定控产提质，以品质驱动效益再提升。边学习，边实践，

十多年下来，沈卫忠成为一名葡萄种植"土专家"，他的农场也成为他开展葡萄种植技术指导的"田间课堂"。"自己一个人富了不算富，大家一起富才是真富"，这是沈卫忠作为一名共产党员的信念，在他的带动下，许多村民加入葡萄种植行列。他们成立了西塘桥果品专业合作社，作为社长，沈卫忠每天要接待不少上门咨询葡萄种植的农民，对前来取经求教的人。他热情接待，免费讲解，还经常上门手把手指导，许多人也逐渐走上了富裕的道路。随着沈卫忠名气的扩大，海盐县外一些单位也纷纷邀请他去讲课指导。近两年来，他先后受邀到浙江省海宁市、桐乡市、嘉善县和福建省宁化县等地传授经验。

（五）海盐县武原佳佳乐农场

海盐县武原佳佳乐农场位于望海街道双桥村，农场面积35亩，以种植阳光玫瑰葡萄为

主。2020年，11亩促早栽培阳光玫瑰葡萄产值达80万元，平均亩产值7.27万元，20亩避雨栽培阳光玫瑰总产值达135万元。2021年，同样11亩促早栽培阳光玫瑰葡萄产值又创新高，总产值超100万元，平均亩产值达9.1万元，2022年该地块葡萄产值近百万元，是海盐县阳光玫瑰葡萄种植户的典范。武原佳佳乐农场不以规模比高下，而以亩均论英雄，作为引领高质量发展的"指挥棒"，带领海盐县阳光玫瑰葡萄种植户争当效益先锋。

武原佳佳乐农场在2021年获得绿色食品认证，同年注册金穗之光商标并被列为"海盐葡萄"农产品地理标志使用授权主体，以"安全、健康、优质、美味"为标准打造品牌。在2021年海盐葡萄擂台赛中，农场生产的浪漫红颜获得最美葡萄称号，2022年农场生产的阳光玫瑰同时获得嘉兴葡萄、海盐葡萄擂台赛金奖，2023年农场生产的阳光玫瑰分别获浙江省精品葡萄评比奖金、2023

海盐县武原佳佳乐农场被评为海盐葡萄双强示范基地

嘉兴葡萄擂台赛金奖，同时还在2023浙江名优"土特产"展示展销暨首届长三角绿色优质农产品推广周活动中获得最受市民喜爱的绿色食品称号，武原佳佳乐农场还被浙江省农业农村厅评为首批省级共富家庭农场典型之一。

武原佳佳乐农场的负责人是钱国军，1977年生，浙江海盐人，已种植葡萄20多年。20世纪90年代，刚刚从中学毕业的钱国军没有和周围的同学一样选择进厂打工，而是选择了下海经商。最初钱国军从种菜卖菜做起，慢慢在菜市场有了几个摊位。后来，亲戚告诉他葡萄产值比蔬菜高得多，在亲戚劝说下他种起了葡萄。20多年下来，钱国军种葡萄从单纯的养家糊口慢慢变成了一种情怀。

钱国军从露天种植4亩巨峰起家，和别人只图一时得利不同，他把更多心思用在了钻研葡萄种植新品种、种植新技术上。他陆续种植过巨峰、藤稔、红地球、夏黑等品种，也不断跟进葡萄修枝、套袋等技术。2018年，他看准葡萄市场，开始更换品种，种植阳光玫瑰。

钱国军手持"518"标准阳光玫瑰

面对市场上葡萄新品种层出不穷，钱国军觉得盲目跟风肯定不行，要想这个品种卖得好，关键是技术和基础设施要跟上。他采用双膜覆盖技术促早栽培阳光玫瑰这一新品种，并且投资建设水肥一体化、智能控温、智慧病虫害防控系统等，只要一部手机就可以控制整个葡萄园的温度、湿度及用肥情况，这既让他的葡萄管理更加简便高效，又能种出高品质的葡萄，卖上好价格。

钱国军对自己种植的葡萄品质有很高的要求。要做到"精益求精"，就要有一个标准，钱国军积极响应阳光玫瑰葡萄"518"标准，率先在自己的农场对葡萄进行数字化、标准化和精品化的管理和要求，还给周围的种植户推广示范。

（六）海盐县金斗笠农场

海盐县金斗笠农场位于百步镇超同村，农场创建于2011年，以生产优质葡萄为主。农场总投资250万余元，种植葡萄面积120余亩，拥有100余亩连栋钢架大棚设施。2011年，该农场注册了金斗笠商标。2016年金斗笠农场的葡萄被认定为绿色食品A级产品。

金斗笠农场率先实施县农科所推广的葡萄"三减半"栽培模式（株数减半，肥料减半，农药减半）以及蔓叶果数字化管理。目前该农场拥有夏黑、天工墨玉、阳光玫瑰等10多个葡萄品种。金斗笠农场认为只有做精产品，不盲目追求产量，才能使葡萄产业走上更加健康

海盐县金斗笠农场

的发展之路，产品才能形成更强的竞争力。金斗笠农场生产的精品优质葡萄多次获奖，曾获得2013年浙江省精品水果博览会银奖，2014年浙江省精品葡萄展销会金奖，2014年浙江精品果蔬展销会金奖，2014年浙江农业博览会优质产品金奖，2015年浙江省精品葡萄评比金奖，2016年嘉兴精品果蔬展销会金奖，2016年嘉兴市优质果品展销会金奖。金斗笠农场的葡萄主要供应给上海市、苏州市等地的大型超市门店，主要面向高端市场。

金利明在果园里修剪葡萄

金斗笠农场的负责人是金利明，1965年生，浙江海宁人。曾经从事市政工程工作，2009年他从单位辞职，毅然来到了海盐县，投身农业，种植葡萄。当时海盐县的葡萄种植技术已经十分成熟，又有专家作指导。经过自己的努力，金利明在葡萄领域闯出了一片天。他种的夏黑味甜、色正、肉脆，风味独特，在2012年浙江省精品水果展销会上卖出了50元一串的高价，而且被抢购一空。金利明的夏黑葡萄逐渐在各地打响了品牌，有了名气后，大家纷纷找上门来，要求订购此葡萄。对此，金利明有个铁定的原则：没到采摘标准的葡萄，口感还不好，他是绝对不允许采摘出售的。为的就是一个口碑、一份信誉、一张"海盐葡萄"品牌的名片。

（七）海盐县嘉海农场

海盐县嘉海农场位于百步镇五丰村，成立于2010年，主要以优质葡萄的生产及葡萄苗的繁育为主，同时开展其他水果种植及果苗的繁育。嘉海农场面积有109亩，其中葡萄种植面积90多亩，品种包括阳光玫瑰、浪漫红颜、红地球、巨峰等。嘉海农场注册了南杰牌商标，在种植中实行数字化绿色栽培，技术上与中国农业科学院果树研究所、浙江省农业科学院、县农科所保持紧密联系，采用标准化精细管理，生产的葡萄优质、绿色，年生产葡萄130多吨，深受消费者认可和青睐。嘉海农场与农超、农企对接，与上海市、杭州市、

海盐县嘉海农场鸟瞰图

嘉兴市等水果批发部建立了长期供应关系，且年销售葡萄等果苗30万余株。

嘉海农场以优质果品和优质种苗成为了行业中的佼佼者，其生产的优质水果多次获奖。嘉海农场于2014年被认定为海盐县示范性家庭农场，2016年被认定为嘉兴市示范性家庭农场，2017年被认定为浙江省示范性家庭农场，2018年入选浙江省现代农业科技示范基地，2019年加入"一品一策"质量安全示范基地建设，2021年成为"海盐葡萄"农产品地理标志授权使用主体，同年被授予

创建浙江省精品绿色农产品基地。2018年嘉海农场生产的阳光玫瑰获得全国优质鲜食葡萄评比金奖、夏黑获得优质奖，同年阳光玫瑰还获得了浙江农业博览会优质产品金奖、嘉兴精品果蔬展销会金奖。

海盐县嘉海农场主吴钱滨

海盐县嘉海农场

（八）海盐县利良家庭农场

海盐县利良家庭农场坐落在于城镇构塍村，成立于2015年，种植面积为43亩。利良家庭农场成立之初种植品种为阳光玫瑰和夏黑，面积各半，2018年将夏黑全部改种为阳光玫瑰，2020年43亩阳光玫瑰全部挂果，亩均产量约1 500千克，综合产地批发价平均每千克24元，亩均产值3.6万元，实现总产值155万元。除去生产成本每亩约1.1万元，海盐县利良家庭农场获净利润约108万元，折合亩均净利润约24 880元，创造了海盐葡萄适度规模种植高效管理的典范。

朱利良（左二）在葡萄地中

利良家庭农场从高标准选址建园开始，就严格按照数字化栽培技术规程操作，全面推广应用省力化栽培技术。2017年10亩早夏无核全部采用双膜促早栽培技术，以使葡萄提早上市，2018年的早夏无核在5月12日就开始采摘上市了，成为海盐县第一个大批量上市葡萄的农场。10亩早夏无核销售总收入达30万元,平均亩产值高达3万元。阳光玫瑰采用双膜覆盖栽培,2018年均销往深圳市场,平均销售价格达到52元/千克,平均亩产值达到5.27万元,这样的价格和亩产值在当年超乎很多人想象。

2018年7月,第二十四届全国葡萄学术研讨会在安徽合肥召开,会上对全国各地选送的早中熟葡萄进行评比,利良家庭农场的阳光玫瑰获得金奖。

2023年底,利良家庭农场的农场主朱利良果断将10亩阳光玫瑰改种县农科所推广的早熟品种天工墨玉,错开工期和销售时间以增加收益。该品种投产后经济效益非常可观,同时还可以带动周边农户共同种植。利良家庭农场对促进海盐葡萄产业稳定健康发展、培育规模种植优质高效农业生产经营主体起到了积极的带头与示范作用。